国家自然科学基金地区项目（71862013）
河北省新文科研究与改革实践项目（2021GJXWK025）
河北省高等教育教学改革研究与实践项目（2017GJJG130）

知识隐藏的形成机理及对策研究

康东伟　韩　英◎著

中国纺织出版社有限公司

内 容 提 要

知识经济时代，知识创新无论对国家还是企业都是核心竞争力。很多组织采取措施积极鼓励有利于员工的知识共享行为，但仍有许多员工不愿意和同事分享他们特有的知识和技能。现有研究大多集中在知识共享方面，对知识隐藏的关注较少。本书课题组通过调查发现知识型组织内部成员之间的知识隐藏严重阻碍了知识、信息或技能在组织内部的扩散，这种行为直接损害了知识型组织的创造力，削弱了团队绩效。本书以知识型组织员工为研究对象，通过数据收集和实证分析研究了影响知识隐藏的因素和心理动机，之后给出了减少知识隐藏的对策。本书对知识型组织的知识管理具有重要的指导作用，适合研究人员和企业管理人员参考阅读。

图书在版编目(CIP)数据

知识隐藏的形成机理及对策研究/康东伟，韩英著
. --北京：中国纺织出版社有限公司，2021.12
ISBN 978-7-5180-9180-5

Ⅰ. ①知… Ⅱ. ①康… ②韩… Ⅲ. ①知识管理—研究 Ⅳ. ①G302

中国版本图书馆 CIP 数据核字(2021)第 239170 号

责任编辑：陈 芳　　责任校对：江思飞　　责任印制：储志伟

中国纺织出版社有限公司出版发行
地址：北京市朝阳区百子湾东里 A407 号楼　邮政编码：100124
销售电话：010—67004422　传真：010—87155801
http://www.c-textilep.com
中国纺织出版社天猫旗舰店
官方微博 http://weibo.com/2119887771
北京虎彩文化传播有限公司印刷　各地新华书店经销
2021 年 12 月第 1 版第 1 次印刷
开本：710×1000　1/16　印张：10.5
字数：203 千字　定价：88.00 元

序

首先，我很高兴康东伟老师的《知识隐藏的形成机理及对策研究》即将在中国纺织出版社出版，在此向他表示祝贺，并感谢中国纺织出版社对此部著作出版的支持。前一段时间接到康东伟的邀请，约我为其专著做序。我欣然答应，这不仅是因为他作为我的团队成员，看到他的学术成果问世，感到很高兴，而且是因为这本书的研究内容具有理论和实践研究价值。

知识管理问题既是人力资源管理的前沿问题，也是近年来很多企业和学术界特别关注和研究的热点问题。智力型或知识密集型组织与传统企业组织在人力资源结构、管理和运营特点上有巨大差异，知识是其发展的核心因素。因此，知识越来越受到组织重视并且更加重要。组织内创新活动的开展依赖于组织成员之间有效的知识转移，尤其对代表企业核心创新能力的新产品开发而言，组织成员之间的知识转移与分享是企业创新活动的重要“原材料”。因此，企业家及管理者均期望组织成员能够将个人知识无偿地在组织内部转移，以促进创新活动的有效运转。现代企业组织纷纷通过构建知识管理体系激发员工知识分享行为，尝试通过鼓励人际互动、塑造支持性组织文化等方式，强化员工知识分享行为。然而，企业并不“拥有”组织成员的个人智力资产，即使企业对成员进行鼓励或奖励，但收效甚微，众多组织成员仍然选择保护自身掌握的知识并回避与同事之间的知识转移行为，造成了组织成员之间的知识隐藏行为。

由于知识隐藏构念是 Connelly 等学者在 2012 年才正式提出，所以并没有引起很多学者的重视，虽然知识隐藏是组织中普遍存在的一种现象。知识隐藏不同于消极的工作场所行为，因为知识隐藏对组织或个人产生的并不都是负面影响。由于合理隐藏可以保护他人的感受，保护组织或个人的机密信息等可能具有积极的意图或影响，因此，知识隐藏并不一定都是消极行为。当然，知识型组织内部成员之间的知识隐藏严重阻碍了知识、信息或技能在组织内部的扩散，这种行为直接损害了知识型组织的创造力，削弱团队绩效。因此，如何让知识型组织团队成员分享自己掌握的知识，事先预防和削弱知识型组织成员知识隐藏行为的发生，以及事后降低和控制知识隐藏造成的不利影响，成为人力资源管理理论和应用层面必须重视和解决的课题。

该书从三个层面对研究内容做了深入的研究：一是在理论研究层面，对组织成员选择知识隐藏策略的动机和影响因素做了详尽的理论综述，从而可以从整体上把握该研究主题的研究基础，探索和挖掘研究的出发点，并对与知识隐藏相似的其他职场行为（包括知识囤积、欺骗行为、社会破坏、职场侵略和反生产行为等）进行详细的区分，虽然知识隐藏与其他工作场所行为之间可能存在一些概念上的重叠之处，但知识隐藏在知识转移过程中被认为是一种独特的构念。二是在实证研究层面，作者通过对很多智力型组织和企业的管理者进行访谈，从而验证了知识隐藏对组织带来的严重后果；该书创造性地引入知识心理所有权、领地行为和组织政治知觉作为自变量，通过大量的数据问卷分析了这些自变量对知识隐藏的影响关系，并对知识隐藏对员工创造力和人际关系的作用进行了实证分析。三是在对策研究层面，从个体、团队和组织角度分别提出应对策略，个体的态度和行为既受到个体因素（大五人格等）也受到情景因素（领导风格、组织氛围等）影响。组织要清楚哪些知识是对其发展有贡献，以及明确掌握这些知识的员工是谁，组织必须目标明确地来开发和整合其知识，避免漫无目的的发展。对策设计新颖实用，更加契合知识密集型组织管理的实际需要。

《知识隐藏的形成机理及对策研究》是一部辛勤与智慧的著作，它是作者多年来的研究结晶。该书系统地设计了知识密集型组织中减少知识隐藏的应对策略，可谓工作量巨大而浩繁。作者和课题组成员走访了很多企业去采集原始数据，体现了康东伟老师做研究的严谨态度和刻苦精神。作者能够在短短几年内完成该著作实属不易，表明他是一个勤奋努力的学者。

这部书稿在经过几度修改后即将出版，诚如作者本人所言，该书中还有部分观点值得进一步商榷，样本的采集区域范围需要更加全面，问卷质量还需要进一步提高，更需要紧密跟踪个体或组织就其为何、何时进行知识隐藏而进行持续深入的研究。这也是作者在今后需要进一步做的工作。但从整体而言，瑕不掩瑜，该书是一本极具价值的力作。我对这部专著能及时出版表示由衷的期待与赞许。

是为序。

贾冀南

2021 年 11 月 3 日于河北工程大学

前言/PREFACE

德鲁克指出：未来的组织将是以信息或知识为基础的，提高知识工作者的生产率则是提高企业组织竞争力的关键课题。随着关键词从“大众创业，万众创新”、“中国制造 2025”到“碳中和”、“碳达峰”等的转变，经济已由高速增长阶段转向高质量发展阶段。很多新产品、新工具、新理念等层出不穷，知识的作用越来越重要，并得到越来越多的个人、企业、组织乃至国家的重视。知识既能给传统行业赋能，也能给新兴产业助力，既能在宏观层面上促进国家产业转型升级，也能在微观层面上提高个人和组织绩效。所以，现代社会土地、自然资源、劳动力和资本等传统要素逐渐处于次要位置，知识是当今最有意义的资源，知识已成为获取社会与经济效益的一种手段，正被用于系统化的创新。

进入知识经济社会以来，知识在生活、生产和新产品研发等过程中的作用越来越大。知识的生产力日益成为经济与社会成功以及整体经济表现的决定性因素。随着社会化大生产规模的扩大，每个行业或岗位所需的专业知识越来越深，知识壁垒不断增加，如果想有所突破，则需要和具有不同知识背景的人合作，才能更好地提升个体的创新能力和组织的效益。

知识既有标准化知识，即图纸、专利和文字材料等显性知识，也有非标准化知识，特别是由于个体在工作过程中形成的经验、体会和感悟等无法用文字或语言直接表达的隐性知识。很多组织高度重视显性知识，而往往忽略隐性知识的重要性，这就造成很多宝贵的隐性知识容易随着个体的退休或离职而消失，对组织造成的损失很难估量。

很多组织都意识到知识创造、知识共享的重要性，也采取了很多鼓励措施来激励员工积极共享自己所掌握的知识，但是由于没有深刻理解员工知识隐藏的心理动机及影响因素，导致很多措施的实际效果并不是很理想。知识隐藏是很多组织中普遍存在的一种现象，但目前很多学者只是把知识隐藏作为知识共享的对立面进行研究，对知识隐藏形成的心理因素以及知识隐藏对组织的影响的相关研究还存在明显不足。在组织积极鼓励知识共享效果不明显和员工选择知识隐藏的动机复杂的双重困境下，本书应运而生。《礼记》中记载："独学而无友，则孤陋而寡闻。"在组织中知识隐藏者和知识寻求者之间的知识隐藏决策行为短期对知识寻求者解决问题不利，长期来看对知识隐藏者的知识更新也有不利影响。

目前，有关知识管理、知识共享方面的论著较多，有关知识隐藏的研究较少，本书具有以下几个特点：一是结构完整，从知识的发展历程和分类出发，论述了知识隐藏和组织内类似职场行为的异同，基本涵盖了知识隐藏研究的基本思想、理论和方法；二是内容全面，本书参考了很多国内外的相关研究，借鉴了很多关于知识隐藏的最新研究成果和动态；三是具有很强的应用价值，近年来，有关知识流动、传播和共享等越来越受到组织管理者的重视，通过了解知识型组织员工的动机和行为影响因素来制订更好的管理和激励制度，本书给出了减少知识隐藏的对策。

本书内容新颖，研究视角独特，不仅可供高等院校和科研院所从事知识管理、企业管理等学科研究和教学的人员参考和借鉴，而且对公司中从事人力资源管理的管理人员也有很大的指导意义。

写作过程中，本书参考和借鉴大量经典文献和最新研究资料，对于有明确来源的参考均在本书后面予以标明，有部分内容来源于互联网，由于缺乏完整的出处，无法具体标明，作者向所有引用内容和参考文献的作者表示深深的谢意。

求学过程中，作者得到很多老师的帮助和指导，在这里特别感谢我的博士导师，韩国忠南国立大学（Chungnam National University）经商学院管理学专业 Su-Young Ryu 教授，以及硕士导师 In-Soo Han 教授，他们的严谨治学态度深深地影响了我对学术的追求，他们不仅是我的学业导师更是我的人生恩师。同时，感谢很多同事给予的帮助和指导。

本书主要由康东伟（河北工程大学，管理工程与商学院）列出全书的大纲，确定全书的结构和框架，撰写 15.1 万字；韩英（河北工程大学，文法学院）撰写 5.2 万字，并协助文字校对和订正等工作。最后向中国纺织出版社工商管理图书分社曹炳镝社长和陈芳编辑表示诚挚的感谢。

由于作者研究水平有限，加之时间仓促，书中难免存在缺陷和问题，敬请各位加以批评指正。

康东伟

2021 年 10 月 3 日

目录/CONTENTS

第一章　绪论

一、研究问题

21世纪是知识经济的时代，越来越多的国家和组织制定了知识管理的标准规范，对知识管理中的技能、方法和工具进行总结，并对知识管理方法和技术有效使用提出了基本要求。知识管理策略、方法和应用研究成为知识管理理论与实践重要的发展内容。

对企业特别是高新技术企业发展和成长来说，知识创新是核心内生力。与知识积累和分享不同，知识创新是一种主动的变革，因为创新是推动人类社会发展的关键因素。当今社会，计算机和网络的应用和普及从根本上改变了我们的日常生活和工作模式，将人类社会带入了信息时代。没有知识创新，再多的半导体积累也拼不出计算机；没有知识创新，再多的网线也构不成互联网。

信息时代需要我们更加注重知识创新。随着信息技术的迅猛发展，知识传播速度呈几何式增长，人们获取知识的途径日益多元化。得益于信息技术的普及，世界各国科技交往日益频繁，各国在知识所有方面的差距越来越小，很多从业人员可以通过网络搜索引擎快速获得自己所需的知识。虽然知识可以被迅速传播和获取，但有价值的知识或创新型知识仍无法轻松获得。

无论是对于国家还是对于企业，知识创新都是核心竞争力。20世纪50—60年代，日本实行"技术立国"政策，大力推进技术创新，松下、索尼、东芝等公司作为其中的佼佼者，产品逐步畅销全球。20世纪70年代，韩国以引进和创新为主，集中力量发展高新技术，在汽车制造和电子通信等领域跃居世界前列。20世纪80年代，我们通过引进、吸收、再消化政策，从为国外知名品牌代工到诞生世界级的知名品牌，完成了从落后的农业国向门类齐全的工业国转型。网络热点也从2010年的淘汰落后产能、3G到2015年的《中国制造2025》、智能制造、互联网+，再到2020年的5G、大数据、无人驾驶等，我国在创新型国家的路上砥砺前行。

近年来，随着国际分工逐渐细化及企业国际化战略的实施，中国传统产业正在面临来自越南、印度等国家的挑战，所以提升产业核心竞争力显得更加重要。我们一方面要从传统产业提升附加价值着手，另一方面则要提升高科技产业的运作实力。产业能力提升在于对知识的开发与运用，从知识创新、凝聚到内化形成产业的核心竞争力。知识的集聚与分享、知识应用与创新对于当前高新技术开发区企业的发展，既是机遇，也是挑战。

在日益复杂，以知识为基础和充满不确定性的经济环境中，组织的竞争优势越来越依赖于有效的知识管理。为了获得并保持竞争优势，组织在开发知识流程系统以创造和利用知识方面投入了大量的精力和成本。知识管理的主要任务之一就是采取措施减少知识型组织中员工个人隐藏知识，并在组织内与其他成员分享所掌握的重要知识或信息（Peng，2013）。知识分享是充分利用组织中团队成员所掌握的知识和信息，促进团队创新，提高组织竞争力的有效途径。成功的知识管理系统有赖于组织中员工的知识分享行为。许多组织采取措施促进内部知识共享，包括制定奖金制度、加强同事间的沟通与交流、培育组织文化等。

虽然很多组织采取措施积极鼓励有利于员工的知识共享行为，但仍有许多员工不愿意和同事分享他们特有的知识和技能。尽管知识型组织的初衷在于整合知识型员工的专业性和异质性的知识与技能，从而有利于开发和制造高知识含量的新型产品或提供高水平的服务，然而在实际工作中，知识型员工对知识分享有抵触心理，成员之间常常会彼此隐藏自己掌握的重要知识。另外，组织中的知识共享一般是期望、鼓励并不是强制的要求，由于很多员工认为知识是属于个体的“私人财产”，组织不能强迫员工将知识转移给他人。在知识管理领域，很多研究都集中在知识共享行为上（Wang & Noe，2010），很少关注知识隐藏行为，以及背后的动机和影响因素。虽然许多组织意识到知识共享和传播的重要性，并尝试通过加强知识管理系统及利用其他技术或方法促进知识共享，但实际结果却与预期相去甚远。虽然许多组织已经采取措施促进知识共享，但最终结果往往达不到管理层的要求。知识隐藏是组织中一种普遍存在的现象，虽然很多组织已经为知识管理技术投入了大量的资源，但往往收效甚微。一份研究报告指出，《财富》500 强企业由于未能进行有效的知识分享导致每年高达 315 亿美元的损失（Babcock，2004），现在带来的损失有可能更多。在美国进行的一项调查中，76% 的受访者承认他们曾经向同事隐藏过知识（Connelly，

Zweig, Webster, & Trougakos, 2012），即使在集体主义导向的中国，一项调查显示也有 46% 的受访者表示他们在工作过程中面对同事的知识请求有选择知识隐藏的行为（Peng, 2013）。虽然几乎所有的组织中普遍存在知识隐藏现象和行为，很多人认为知识隐藏是与知识共享相反的构念，所以对知识隐藏的研究和关注比较少。组织行为领域研究表明，消极行为与积极行为并非对立关系，对行为的影响也有差异，一般来说，与积极行为相比，消极行为对结果造成的影响更持久和强烈。

Webster, Brown, Zweig, Connelly, Brodt, & Sitkin（2008）指出尽管组织的管理者采取激励措施鼓励员工在工作过程中分享自己的专业知识，但是很多员工依旧选择囤积或保留知识，并不愿意与同事分享，他把这种现象称为知识保留，并从社会交换和动机激励等角度研究了知识保留的形成原因和动机。

学术界在正式提出知识隐藏构念之前，很多学者已经关注了知识隐藏的现象，只是称呼不同。有研究发现，组织中员工普遍存在不愿意与同事分享有价值的知识的行为，并提到知识保留现象与知识隐藏有很多相似之处（Argote & Ingram, 2000）。Husted, Michailova, Minbaeva, & Pedersen（2012）指出，组织中普遍存在由于知识贮存而导致员工产生知识分享敌意的现象。学者们已经关注知识隐藏或保留等现象，并且已经开始意识到知识隐藏是一种独特的构念，不是知识共享的对立构念（Connelly et al., 2012）。例如，很多员工与同事分享不重要的知识时，知识共享和知识隐藏可能同时发生，但是会隐藏重要的知识（Ford & Staples, 2008）。因此，关于知识共享和隐藏的文献表明这两者可能具有不同的前提和潜在的机制（Connelly et al., 2012；Peng, 2013）。Connelly 等（2012）提出了知识隐藏的定义：个体故意隐藏或回避组织中其他同事的知识请求，由装傻、合理隐藏和拖延隐藏三个维度组成，并开发出相应的量表。知识隐藏不同于消极的工作场所行为，因为知识隐藏对组织或个人产生的不完全是负面影响。由于合理隐藏可能具有照顾他人的感受，保护组织或个人的机密信息等积极的意图或影响，因此，知识隐藏并不一定都是消极行为。

如果知识型组织内部成员之间存在知识隐藏行为，就会严重阻碍组织或团队内部知识、信息或技能的共享和流动，进而产生不信任循环直接削弱知识型组织或团队的创造力，降低绩效水平。因此，如何采取有效措施在组织或团队内部预防和削弱组织成员选择知识隐藏行为，以及降低和控制组织员工知识隐藏造成的不利影响，如何促使团队成员积极有效地分享自己掌握的核心知识，成为企业管理理论和应用领域必须面对和重视的问题。

通过梳理前因研究成果发现其主要从知识特性、个体因素和组织情景因素三个方面研究了知识隐藏的预测因素。本研究主要是基于社会交换理论、领地行为理论、资源保存理论和调节焦点理论等视角，深刻阐释了知识隐藏的形成机制及其对个体层次结果变量的影响效果。知识隐藏与组织中存在的反生产行为有一定的关联和交叉，针对组织中存在的多种反生产行为，有必要区分知识隐藏与其他相关知识行为之间的区别（例如：缺乏知识共享、社会破坏和反生产工作行为等），并探索在特定情况下知识隐藏产生的过程和机制。

本研究指出了个体的知识心理所有权、领地行为、组织政治知觉对知识隐藏行为的预测效果；检验了知识隐藏对知识隐藏者和寻求者之间的伤害关系和创造力的影响效果；探索了社会地位在知识隐藏对伤害关系和创造力之间的调节关系。

二、研究目的

知识型组织成员之间的知识隐藏对个体和团队的创造力、业绩和组织发展都会造成不利影响。知识型组织成员的知识隐藏的诱因有哪些？组织成员的知识隐藏会带来哪些不利后果？组织成员知识隐藏的动机是什么？本研究围绕知识型组织成员知识隐藏的前因影响因素与其影响结果进行相关理论和实证研究，对于如何采取有效措施在组织或团队内部预防和削弱组织成员选择知识隐藏行为，以及降低和控制组织员工知识隐藏造成的不利影响，提升个人和团队的绩效和创造力都具有重要的理论与实践意义。

本研究的目的是通过实证研究检验影响个人的知识隐藏行为的因素。解释员工知识隐藏原因之一就是心理所有权理论（Pierce，Kostova，& Dirks，2001），因为员工将知识视为个人财产和领地，并对其进行保护，如果员工有强烈的心理所有权，知识隐藏的可能性就会变大（Peng，2013）。

首先，对知识型组织成员知识隐藏影响机制的探讨主要集中于知识自然属性（如知识产生机理、知识黏性等），很少有文献研究知识社会属性对组织成员知识隐藏的影响及作用机制。学者们将知识社会属性界定为个体知识心理所有权，虽然以前的研究表明心理所有权和领地行为可以影响知识隐藏，但很少有研究关注这个过程的边界条件。知识隐藏会影响员工和组织的绩效，因此管理者需要确定如何减轻这种影响。

其次，很多文献指出组织氛围是影响组织成员做出知识行为决策的重要变量。大多研究都关注知识共享、流动氛围等特定积极组织氛围对员工知识决策行为的影响，很少有研究关注消极氛围对员工知识隐藏决策的影响效果及作用机制，在组织内部大多情况下消极氛围比积极氛围产生的影响更为持久（段锦云、王娟娟和朱月龙，2014）。基于上述观点，研究组织消极氛围对知识型团队成员知识隐藏的影响更有价值，更有助于揭示知识隐藏形成的机理，Webster 等（2010）指出组织内部政治氛围是造成员工之间利益冲突和成员互信的主要影响因素，未来研究需重点关注组织政治氛围是否会进一步诱发组织成员选择或实施知识隐藏行为。一些研究认为政治行为是组织中的普遍现象，员工将知识视为组织内部的政治资源。为了保护自己的地位或者晋升，他们会倾向于对同事隐藏知识。本研究将组织政治知觉引入知识管理领域，探究组织政治知觉和知识隐藏之间的关系。

最后，前因研究指出知识隐藏可能对个人或组织的创造力产生影响，本研究还探究知识隐藏行为如何影响知识寻求者和隐藏者之间的关系。虽然有研究表明：当知识寻求者得知掌握自己需求知识的同事对自己隐藏知识之后，很可能会对向自己寻求知识的同事采取隐藏知识进行报复，从而导致双方人际关系恶化，形成人际不信任的恶性循环进而影响员工的知识行为决策，但是对知识型组织成员人际不信任导致的恶性循环的形成机制和边界条件研究得很少。对于知识型组织成员人际不信任恶性循环形成机制的研究有助于管理者尽早采取有效的措施来规避成员之间人际关系的恶化和矛盾升级，对降低和控制人际矛盾带来的不利影响具有重要的现实意义。

为了实现这一目标，本研究的自变量是知识员工的心理所有权、领地行为和组织政治知觉，知识隐藏作为中介变量；社会地位作为调节变量；个人创造力和关系伤害作为因变量。根据前因研究，知识心理所有权、领地行为和组织政治知觉会影响个人的知识隐藏。通过实证研究对该模型进行了检验，该研究测量了知识隐藏的中介作用和社会地位的调节作用。此外，社会地位在自变量经过知识隐藏对因变量产生影响的过程中起着调节的中介作用。

本论文的研究结果具有重要的理论和实践意义。本研究首先把组织政治知觉引入知识管理领域，政治直觉会对组织和个人的知识选择过程产生作用。当员工认为他们所在组织的政策是公平的时候，就会有减少知识隐藏的倾向。领地行为和组织政治知觉会对知识隐藏产生积极作用。例如，管理者应该鼓励员工使用公共空间，合作办公来降低其领土意识，并鼓励通过团队合作来完成任务。

三、研究方法

本研究首次研究了知识隐藏领域的知识管理方法及技术问题，以知识隐藏相关的理论为研究背景；并辨析与知识隐藏相关的构念；根据理论研究推导出研究模型；依据现行研究成果得出研究假设；以知识型组织员工为研究对象，通过访谈法和问卷法来收集数据并对数据进行分析来验证假设；通过数据分析和验证假设得出研究结论，并指出未来的研究方向和本研究的不足。

对理论研究与实证研究相结合的研究与认识必须坚持定性与定量相统一的方法，既要由表及里地清楚知识隐藏的内在属性，又要以准确的数据分析结果判断其影响作用的依据，从而达成对知识隐藏现象和行为全面准确的认识。本研究具体研究方法有文献研究法、深度访谈法、问卷调查法和统计分析法。

文献研究法。通过梳理现有文献研究知识隐藏存在的现状、特点和趋势。本研究在构思阶段系统整理了国内外相关知识隐藏文献，并与专家定期讨论文献整理的内容和进度，总结知识隐藏研究的现状和不足之处。通过文献整理，本研究主要从个人层面的知识心理所有权、知识领地行为和组织层面的组织成员政治知觉对知识隐藏的影响以及知识隐藏对个人创意性和伤害关系的影响，在这个过程中把知识隐藏当作中介变量。挖掘现有研究存在的不足和整理变量关系的研究现状，并与专家讨论提出新的见解。对现有文献进行讨论、研究和分析，通过构建理论模型来确定基本研究方向和目的，并依据研究目的提出研究假设。

深度访谈法。以知识隐藏的理论和研究思路为基础，首先，确定以科技创新（R&D）型企业员工为调查对象，这类企业的员工多数是知识密集型脑力劳动者，与其他行业的员工相比，R&D 企业员工的知识在工作中的作用和重要性更加明显。其次，对访谈技巧的把控，让员工处于比较轻松的氛围下接受访谈，这样的访谈内容的信度和效度更高。再次，对员工访谈的内容进行分析，确定有价值的研究问题，并与已有文献相结合，初步确定本研究的内容。最后，与知识管理领域的学者一同研讨，汇总已经收集整理的文献和访谈资料，从理论创新和实践意义两个角度对研究内容进行可行性和必要性的讨论，确定基本的研究框架。

问卷调查法。通过整理有关前因研究，找到有关测定该变量的英语问项，为了确保准确性，通过回译（back-translation）方法对问项进行翻译，并对该问项进行适当的修订，最后形成正式的调查问卷。为了保证收集数据的质量，我们带着纸质版的问卷进入工作场所，为了使被测试人员了解问卷的内容，我们进行详细的说明和解释，并保证以匿名形式回收问卷，向被测试者说明不会被用于本研究以外的其他用途。为了调动被测试者的积极性，我们给每人约 10 元的红包或等价商品作为酬谢。

数据分析法。对收集的被调查者填写的问卷，剔除填写不完整的问卷，进行初步的编码。通过 AMOS 22.0 对数据的效度和 SPSS 22.0 对整体数据的信度进行分析，删除导致拟合指数低的问项；采用 Bootstrapping 方法验证知识隐藏是否有中介效果；SPSS Macro 来检测模型中社会地位在知识自我效能感、领地行为和组织政治知觉对个人创意性和伤害关系之间的调节的中介效果；最后通过数据分析结果来检验本文提出的所有研究假设，进而得出研究结论。基于多学科综合集成研究视角提出了知识隐藏的管理办法和集成应用的建议。

四、研究结构

本研究以前因研究为基础，分别从个人层面（知识心理所有权和领地行为）和组织层面（组织政治知觉）构建了以知识隐藏为中介变量，以创造力和伤害关系为结果变量的研究模型，并通过收集数据进行了多层次实证分析，本研究分为六大部分，主要结构如下所示：

第一部分，绪论。主要阐述了研究背景及其必要性，确定了研究的目的、研究方向、研究方法等。在知识管理领域，虽然对知识共享的研究比较多，但很多学者认为知识隐藏是与知识共享对立的构念，虽然知识隐藏是组织中一种普遍存在的现象，但是相关研究较少。本章还对本文的研究思路和内容进行了简要的阐述。

第二部分，研究背景。本部分不仅回顾了知识隐藏的发展历程，还讨论了与知识共享有关的文献。还将知识隐藏与其他类似变量（包括欺骗行为、社会破坏和反生产行为等）进行比较，明确了知识隐藏不是与知识共享相反的构念，它具有独立的形成机制和动因（包括三个构成要素：装傻、拖延隐藏和合理隐藏）。并且回顾了知识隐藏形成的理论基础，其中包括社会交换理论、知识管理理论和调节焦点理论等。

第三部分，研究模型和假设。对研究对象和变量的选取以及问卷设计流程和内容、数据收集过程进行详细的描述。根据文献梳理整理出变量内涵维度以及相互之间的关系，构建出本文的研究逻辑和理论模型，进而推导出研究假设。

第四部分，研究方法。确定知识型组织员工为研究对象，根据研究变量的结构和相关关系确定各个变量的评价指标，借鉴高水平论文中开发的测量量表确定各个变量的问项并根据实际情况进行适当的修订和补充，对预调查问卷进行发放和回收，并通过数据分析确定问卷的可行性，最终经过修改形成正式的调查问卷。详细介绍了实证研究方法和调查设计，并对每个变量给出可操作性定义。

第五部分，实证分析。检测了各变量的信度和效度（收敛效度和区分效度），通过结构方程模型（SEM）分析研究模型的适配度。本部分不但检验主效应及其知识隐藏的中介效应，还检验了社会地位的调节效果和调节的中介效果。

第六部分，研究结论。总结了本研究的结果，做出了一些理论贡献，对管理实践具有启示意义；讨论了本研究的不足和企业知识整合，指出知识隐藏研究未来的发展方向。

本书研究的结构如下图所示。

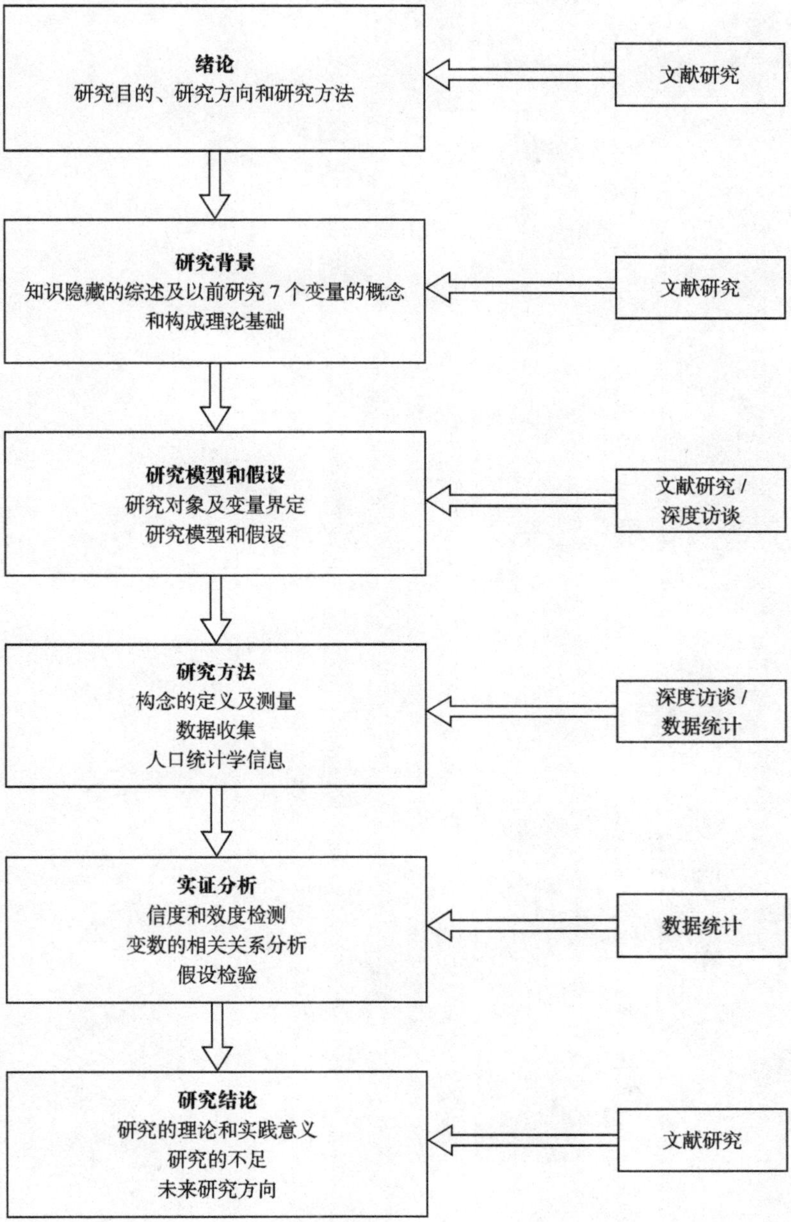
绪论
研究目的、研究方向和研究方法
文献研究
研究背景
知识隐藏的综述及以前研究 7 个变量的概念
和构成理论基础
文献研究
研究模型和假设
研究对象及变量界定
研究模型和假设
文献研究 /
深度访谈
研究方法
构念的定义及测量
数据收集
人口统计学信息
深度访谈 /
数据统计
实证分析
信度和效度检测
变数的相关关系分析
假设检验
数据统计
研究结论
研究的理论和实践意义
研究的不足
未来研究方向
文献研究

研究结构

第二章 知识管理

一、知识的定义和分类

知识指的是“价值、经验、背景信息和研究人员的见解的动态组合，为评估和整合新的经验和信息提供框架”(Davenport & Prusak，1998)。在实际工作过程中，知识载体形式多样化，不仅存在纸质文档和数据库中，也存在于工作实践和交流过程中。

知识是对信息或数据的分析和整合，对于完成具体工作或任务具有指导作用。知识具有衍生新知识、被重复使用、不断增值等特征，知识逐渐取代传统生产要素成为决定性力量。在知识经济时代，组织内部独具特色的、有价值的知识管理体系和制度逐渐成为组织竞争优势的来源，轻资产管理是以知识为驱动的模式，成为现在很多公司的发展方向。知识管理融合了信息技术、管理学、运筹学等学科思想，作为一种新的管理理念和方法，自 21 世纪初随着互联网经济的飞速发展而得到广泛关注。通过梳理现有文献对知识的定义进行整理，如表 2-1 示。

表 2-1 知识的定义

作者	对知识的定义
Nonaka（1994）	知识是一种被确认的信念，通过知识持有者和接受者的信念模式和约束来创造、组织和传递，在传递知识的同时也传递着一整套文化和相关的背景系统
Davenport & Prusak（1998）	知识常被视为结构化的经验、价值、情境信息和专家认识的混合，它提供评估、整合新经验盒信息的框架。知识不仅存在于文件与系统存储系统中，也蕴含在日常例行工作、过程、执行与规范中
Harcerston & Triandis（2002）	知识是从不相干或相关的信息中变化、创造而得的，比数据或信息更广、更深、更丰富
Housel & Bell（2002）	知识是一种借助人的心智活动，直接或间接产生的观念构思
Narasimha，Mohamed & Turban（2002）	知识是组织起来的以解决问题和进行决策的信息
Silva & Jaisy（2002）	知识是通过理性选择的信息，用于指导任务的执行、问题的解决和决策的制定，以便于执行、学习和教育
Carlo，Kalle & Gregory（2012）	知识来自资讯，资讯转变为知识过程中的所有环节都需要人们亲自参与，因此可以将知识看作是处理资讯的过程

Hedlund & Nonaka（1993）从知识不同载体构成方面进行分类，将知识载体划分为个体、群体、组织和跨组织四个层次。他们认为个体是最小的知识创造单位，知识是个体创造的；群体不是个体简单的组合，而是由有相互补充和促进作用的个体组成的有机整体，群体内成员的知识会产生反应；组织为个人或群体提供了一个创造知识的有利环境；跨组织分为组织与其他组织之间的交易（如供应商和经销商等）、互动合作（外包或分包）等。

Nonaka（1994）认为，知识创造是一个连续的过程，在此过程中，隐性知识和客观显性知识是可以相互转换的。显性和隐性知识的边界相互渗透，因为所有知识和行为都根植于隐性的成分，隐性知识又是建立在显性知识上的，因为隐性知识是通过物理世界中的体验和观察而获得的。学习者可以通过社会化、观察或学徒方式获得隐性知识。个体隐藏的知识既可以是显性知识也可以是隐性知识。很多知识不是以纯显性或纯隐性状态出现的，很多时候是以连续统一体（既有显性部分也有隐性部分）的形式出现的。

Harry（1999）研究指出知识将对组织原有的知识体系产生增加、替补与互补的影响，基于这种观点将知识分为增加性知识、替代性知识和互补性知识，使原有知识的作用更加强大。由于知识的种类与特性会影响知识的流动、应用以及知识创新，因此，在企业运营过程中根据知识的特性采取适当的管理方法是组织知识管理成功的关键。

谢洪明等（2007）认为知识具有内隐性、专属性、复杂性和经验性。内隐性是通过亲自学习所得来的隐含的、无法言传的知识；专属性是某些知识与技能只能应用在特定情境中（如一些高精尖端技术应用在特定的组织或行业中），或仅能服务特定的顾客（如某些知识是由特定地区的消费者习惯总结形成的），因此造成了知识的专属性，不容易被复制到其他企业或地区；复杂性指知识的形成需要技能、资源和专家等要素的整合，产品或系统越多的知识结构越复杂，知识本身越不容易发生迁移；经验性指知识是组织或成员过去经验的积累，组织拥有的知识经验越多，组织或个体的绩效越明显。

知识是经过加工、整理、解释、改造后的信息，知识是实事，有一定的规则和边界。我们日常说的知识，其实大多只是信息或数据而已。知识是基于已有知识的深度推理分析和合理决策，它可以提出解决方案，还能够做出质疑和否定，进而进行创造和创新。智识在 IT 领域翻译为“智能”，在哲学领域翻译为“智慧”。人工智能其实只是智识的一小部分，甚至是被严格的智识定义排斥的部分，因为它只会执行和解决，不会提问和思考。

（一）数据、信息与知识

数据、信息、与知识是三个侧重点不同的概念。数据是通过收集或观察而获得的，是信息的重要组成部分。很多公司由于在概念上对数据、信息和知识产生混淆，导致花费大量的资金却没有取得预期的回报，甚至导致项目失败。如果理解组织真正需要什么，通过充分收集数据、准确分析信息、合理运用知识，往往会取得意想不到的收获。

理解三个概念的含义及如何相互转化对知识工作的成功是非常关键的。通过对三者进行分析比较，找出影响三者之间相互转换的因素。

1. 数据

在组织中，数据通常是关于客观或主观事件的结构化的记录。例如当一个人在给汽车加油时，这一事件可被描述为数据的部分：加了多少油，付了多少钱。但这不足以说明为什么选择这家加油站。德鲁克曾经说过“信息是赋予了背景和目标的数据”。这说明数据本身不包含背景和目标。

数据对组织的发展至关重要，有很多组织比如证券公司、咨询公司、统计部门等的发展都离不开数据，有效的数据管理是它们成功的关键。现代数据库技术可以使组织高效管理数据。

数据只是对事件本身或一部分进行客观的记录和描述。数据对组织的发展具有非常重要的作用，因为数据是产生信息的原始材料，即便是它不能为组织决策提供直接有效的依据。

2. 信息

信息具有“背景”和“目标”。信息是为一定目标组织起来的，会对接受者产生影响。只有给数据赋予一定的意义并通过各种方式使数据增加价值才能使其变成信息。

计算机能够使数据增值变成信息，但它在语境方面往往无能为力，需要人的参与来对数据进行分类、压缩和优化。

信息要通过传播和表达才能具体体现价值，信息在组织中通过各种载体（内部平台、公告等）而间接或直接地进行传播。直接的方式是指发送者和接受者面对面地交流；间接的方式是借助于媒介（如电话、通信网络等设备）进行传播。信息具有改变接受者对事件的看法的功能，会对接受者对事件的态度和所采取的行为产生影响。

3. 知识

知识是由信息构成的，只有当人们通过经验、描述和表达等方式对信息进行处理和编码才能够形成知识。很多组织成员在工作过程中认为知识就是可用于指导工作或完成任务的信息指令。知识能够对事物的发展趋势进行预测、建立联系或做出判断和解读，而信息只是对事实的陈述。

组织中大部分知识都存在于员工的大脑中，而不是在文档和数据库中。组织内部隐性知识比显性知识的作用更加重要，隐性知识隐藏在组织内部人际关系、直觉和解决问题的过程中，很多知识是混乱的，很难用语言和文字来描述和表达。

很多人对信息、知识与资料三者之间的关系混淆不清。知识有别于资料和信息，呈现的是个人化的信息，有其独特的特征。在信息科技领域，知识是可以被编码和存储的。知识是信息取得后的内容，强调有系统地组织信息，方便内容的取得与检索。

Kamara 等（2002）描述知识是学习过程的产物，是企业未来获取利润和增强竞争力的重要资源。虽然知识极为广泛、抽象，但它可以提升人们的工作、决策和解决问题的效能，知识管理可对组织提供一个参考框架来评估与整合所产生的信息与经验，并指导管理者将知识作为决策与行为的工具。

Tiwana（2001）指出在不同情况下，主观的判断可将资料转换为有用的信息，资料若通过“5C”浓缩（Condensed）、脉络（Contextualized）、计算（Calculated）、分类（Categorized）、修正（Corrected）可转换为信息。资料可扩散到部门、公司，甚至整个体系，随着扩散范围增大，资料的用途也在增大。同时，这些经过分享的资料，具有附加价值，这是资料转换成信息的必经步骤。

4. 知识的层次性

有学者将知识分为普通知识和智慧（智识）两种，于是形成了数据、信息、知识和智慧之间的金字塔关系，上层是下层的增值产品，如下图所示。

从图中可以了解到，知识侧重于解决特定问题的方法及规则等显性的、可操作的知识，而智慧是对知识进行深入分析和创新，偏向较为隐性、直觉的判断，同知识相比智慧具有更深、更广的特性，如自我效能感、创新能力和好奇心等。在古代，很多先贤基于对人类生命和宇宙万物的深刻感悟，留下不朽的著作，而被称为智慧；很多年轻人虽然饱读诗书被认为很有知识，而非智慧。

在组织内部，智慧偏向于预测、界定模糊和复杂程度较高的问题的隐性能力，能够应对危机和挑战并做出应对决策的能力。拥有智慧的组织和个人才能长久发展并立于不败之地。

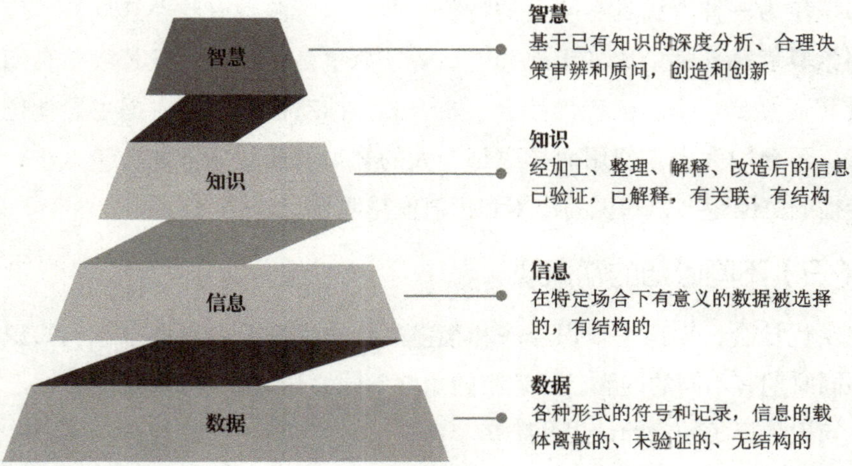

知识的层次性

（二）知识的特征

知识不同于传统的土地和设备等资产，由于知识的价值得到越来越多的重视，与其他资产相比，知识的特征也是比较明显的。知识的特征如下：

1. 知识具有意会特征

有很多知识是不可视的，也不可能完全通过语言来表达和沟通，更多需要意会的知识是通过实践来学习和领悟的，比如人类社会早期发展就是一个通过观察、反复试错的意会认知过程。知识的意会特征是有效促进隐性知识生产和传播的前提。

2. 知识的离散分布特征

知识的意会特性和认识的有限性，社会或组织中的知识由处于特定情境中的个人或团队部分掌握，而不是以单一形式存在。组织中知识的离散分布特性，对于内部权限配置及组织岗位设计具有重要意义。

3. 知识的可扩散性特征

虽然很多知识是不能通过言语来表达或沟通的，但是知识是可以扩散的。显性知识可以通过文字等形式加以表达，因此可以在成本很低的情况下进行知识转移；隐性知识只可意会不可言传，所以有效加强隐性知识扩散成为当前研究的重点。无论在个人层面还是组织层面，知识扩散效果均取决于知识扩散者和接受者的知识质量和储备量。

4. 知识的收益递增性特征

知识作为一种资源具有明显的特征，即知识资源具有收益递增性。传统的资源要素具有稀缺性，比如土地和能源等，总量是一定的，但其收益会随着时间的推移而逐步减少。在现代社会，知识成为推动社会进步占据主导地位的资源要素，不会因为多人使用而导致每个人的知识的质量降低和数量减少，并且知识传播的范围越大，知识的作用和价值就越明显。

（三）不同时期的知识观

在现代社会，知识是知识经济和很多高新技术企业发展的基础，知识是什么？不同时期有不同的内涵。因理解的角度不同，知识有很多种分类。

1. 知识是自我经验的认识和感知

在古代中国，由于人民从事简单的物品制作和农业耕种，人民整体文化水平较低。当时的思想家和教育家认为知识就是自我认识，等同于学问，往往与个体的态度是否端正，是否进行自省联系在一起，强调与自我内心深处的认知。例如："学而时习之""吾日三省吾身"等。

同时期西方哲学家也认为，知识来源于个人的经验，知识多寡是相对而言的。柏拉图认为，知识是经过证实的正确信念，亚里士多德将知识分为纯粹理性知识、实践理性知识和技艺三类。通过计算等可以精密研究的学科中产生的是纯粹理性知识；人们在实际活动中用来确定命题真假、对错的是实践理性知识；技艺指无法用语言来表达，只有通过实践才能掌握，如石匠的技艺无法通过语言来传授，只能通过练习和实践来提升。

2. 知识包括思辨性知识和功利性知识

随着科技革命带来的社会化大生产分工，知识的作用和功能受到越来越多学者的关注，知识更多地与实用性相结合。因此，对知识的范畴界定，基本上分为两个方向：一是指哲学层面的思辨性质理性知识；二是社会实践中解决具体问题的实用性知识。

3. 知识包括个体知识与组织知识

随着学习型组织理念逐步被很多企业接受，研究者分别从个体和组织层面对知识进行研究，将其分为员工个人知识（employee knowledge）和嵌入组织体系的知识（knowledge embedded in physical system），即组织知识。

（1）员工个人知识。指组织成员所拥有的知识，包含分析问题的能力、看法、经验等，是组织成员的“个人财产”。例如，某些员工擅长与人打交道，销售业绩较好，有些员工在生产工业改进方面能力较强等，这些都属于员工自身掌握的知识，这些知识会随着员工的跳槽、怠工等消极行为而减弱或产生损失。

（2）组织知识。指组织系统所拥有的知识，不会随员工的离职而变化。例如，组织内部优秀的企业文化、以客户为导向的绩效评价体系等知识，虽然员工会调动或离职，但是组织内部的优良传统和组织文化依然存在，并不会因此而消失。

组织内部成员所掌握的知识是组织知识产生的基础，组织成员在经过培训或学习之后，可以将个体知识转化和升华为组织知识，组织知识是企业异于同行的主要特征，是组织发展过程中核心竞争力的主要来源。

（四）知识的分类

第三次技术革命，特别是信息技术的发展，知识被视为促进社会进步的根本动力。于是，根据知识是否可以被传授和表达将其分为隐性、显性知识的观点，成为当代知识管理领域的主要研究方向。

（1）显性知识和隐性知识。对于知识的分类，Polanyi（1966）根据知识的编码程度，将知识界定为两个范畴：显性（explicit）知识和隐性（tacit）知识。显性知识或编码知识指的是可以正式的文字、系统的表达或语言等作为载体可以进行传播和扩散，具有标准化、规范化和系统化特点，易于沟通和分享的知识，统称为可以教授的知识，例如高等数学、物理等学科知识。隐性知识是指根据个人阅历、经验或体会而形成的非语言和文字能够表达的知识，使其难以形式化和标准化，并深深地根植于个人的行为和特定的情境下，难以清晰地表达和沟通，是只可意会不可言传的知识，例如个人经验和经历。

（2）四分类法。经济合作与发展组织（OECD）在1996年发表的《以知识为基础的经济》报告中明确提出：知识是推动经济长期、稳定增长的重要因素，并将知识定义为四种类型：know-what（知道是什么），组织成员通过专业的学习和实际经验掌握企业具体运营方面的知识；know-why（知道为什么），在掌握生产实践的高级技能的前提下，能深入了解特定领域的原理，在实践过程中能够处理复杂的问题，创造出更高效益的能力；know-how（知道怎么做），工作方面的专业知识和能力；know-who（知道谁有知识），包括关于组织内员工或专家掌握什么知识，通过特定的社会关系获得并有效利用自己所需的知识。know-what 和 know-why 的知识可以通过信息技术和通信设施对其进行编码处理，使其成为显性知识；know-how 和 know-who 的知识存在于大脑中，不易被他人获取和发现，也不易于传播和转移，成为组织中的隐性知识。

know-what、know-why、know-how、know-who 的分类方法有效地扩充了隐性知识与显性知识的概念。从人员及资本的角度来划分，人员的知识包含智力、经验、价值观、公式等，资本的知识则涵盖了企业文化、内部结构、自身优势和劣势、发展趋势、竞争对手动态等内部与外部的知识。

Liu Yuwen（2011）认为三种具有竞争力的知识可提升企业价值：核心知识（Core Knowledge）是组织中最重要的基本信息，也是组织价值创造的基础。进阶知识（Advanced Knowledge）是属于核心知识与创新知识之间的，是促使组织更有竞争力的知识。创新知识（Innovative Knowledge）是关于创造全新竞争模式的知识，能为企业带来新的竞争优势。

Holsapple & Joshi（2001）提出组织知识可分为知识轮廓（Schema）与知识内容（Content）两类，知识轮廓包含目的、策略、文化与基础建设，而知识内容则包含员工知识与加工产生的知识。组织应事先对这些知识的来源与分类加以了解，以确认目前组织所处的知识环境。Harry（1999）研究将知识分为增加性知识、替代性知识和互补性知识，其中增加性的知识为企业对原有知识的投资与学习所引发的知识成长，替代性的知识是因新知识的创新而产生的对原有知识的取代与贬值效果，而互补性的知识则是因不同知识的融合与应用，而出现整体价值扩充与成长的效果，这些知识将对企业原有的知识体系产生增加、替代与互补的影响，使得原有知识的价值产生增值。

复杂的隐性知识由于其不可通过语言或文字来表达，所以在知识经济时代发挥着关键作用。由于隐性知识无法系统地归类，隐性知识取决于所有者的个人心智和体会，始终处于不断变化、发展和重组中，这就增加了知识的复杂性。对组织内部复杂的知识进行共享，从而增强对隐性知识的获取能力，是目前知识管理研究的重点，也是最具挑战性的任务。

（五）隐性知识的特征

1958 年，波兰尼在《人的研究》（*The Study of Man*）一书中，根据知识是否可以编码和通过语言来传播，首次提出了显性知识和隐性知识的概念。他认为，通常说的知识是书面、文字或数字表述的，这只是知识的一种形式，还有一种是不能用语言或文字表达的。

1. 隐性知识的定义

如上所述，显性知识指的是通过语言表达、文字记录等形式可以传播，具有规范化和系统化特征，易于沟通和分享的知识，其统称为可以教授的知识。隐性知识指的是具有个人特殊性，非语言的，使其难以形式化和沟通，并深深地根植于个人的行为和特定的情境下，难以清晰地表达和沟通，是只可意会不可言传的知识，例如个人经验、经历和知觉就是隐性知识的直接表现。

综上所述，隐性知识是指人类知识体系中，只可意会不可言传的一部分知识。显性知识好比冰山露出水面的部分，只占知识整体的很小一部分，隐性知识就是冰山在水下的部分；隐性知识好比树根能给树木提供生长的养分，显性知识就是树枝和树叶。组织知识构成中隐性知识占比较大约为 90%，显性知识大约只占 10%。

2. 隐性知识的特征

综合看来，隐性知识具有以下三个特征：

（1）环境依赖性。隐性知识产生过程中，对个体的成长经历、学习工作经验和周围环境等具有依赖性。隐性知识是一种带有经验性质的知识累积，是个体和组织在工作、学习和研究过程中，通过反复试错总结出来的技能、心得或习惯。

（2）模糊性。隐性知识以一种未编码的形式存在于人的大脑或一定的组织形态中，由于具有非结构化形式，所以难以向人表达和分享。

（3）个体性。是个体的心智感悟与判断，反映了个体的价值观与心智模式。对隐性知识与显性知识进行比较，结果如表 2-2 所示。

表 2-2　隐性知识与显性知识的比较

名称	隐性知识	显性知识
主要内容	（1）认知层面：包括价值观、信念等可以帮助个体理解并界定他们的世界 （2）技术层面：包括具体的技巧、方法和操作等	（1）通过文字或数字来表达，可以借助具体的资料、程序等途径来沟通或分享 （2）可以在不同的个体或组织之间快速地传播
特色	（1）一种实践的知识，不易用语言来表达，是经验性与主观性的知识 （2）通过模拟进行传递，展开一种模拟的过程，需要分享和学习的个体同时参与	（1）是一种理性的知识，容易通过言语进行传递，是相对客观的知识 （2）是一种数据信息，可以通过编码来记录和保存

波兰尼认为，对隐性知识的研究，是对原有知识管理理论的决定性变革。他认为，隐性知识长期被人们忽视，但在人类知识系统中极为重要，隐性知识支配着我们的认知活动，是获得显性知识的前提。

美国心理学家斯滕伯格（Robert J. Sternberg）进一步研究表明，在显性知识获取方面，隐性知识既可以起到一种基础和辅助的向导作用，也可以干扰和阻碍与其不一致的显性知识的获得。

通过对隐性知识和显性知识特征、内涵和异同的研究，加深了我们对知识的了解，知识管理所研究的知识，应该是显性知识和隐性知识的有机结合，而不只是其中的一部分。

（六）知识概念的文化差异

Nonaka 在《知识创造公司》（*The Knowledge Creation Company*）一书中指出，在东方和西方不同文化语境中，对知识概念的认识存在着文化差异。他比较日本公司和美国公司进行创新的不同方法，系统研究分析了东西方不同的知识观。

1. 西方人的知识观

由于现代西方文化受希腊哲学影响较为深刻，所以现代西方学者认为知识是“经过证实的正确的认识”。证实是指只要个人认为是正确的，都能被称为“知识”。对于知识的界定，来源于柏拉图和苏格拉底的教学方法。在现代西方社会中，组建一个由各界专业人士或名人组成的“专家小组”，来调查或解决法律、技术或社会道德领域的复杂问题，是一种普遍现象。所以为自己的立场和信仰辩护是一种心灵活动，以便使自己的认知合理化，并形成体系。

Nonaka 认为西方学者在知识的界定以及知识使用等方面的观点过于狭隘。受理性主义和实证分析的影响，西方经理人认为可以量化的才能称为知识，即显性知识，而不考虑不能测量和不能用文字传递的隐性知识。

2. 东方人的知识观

日本人不主要强调可以量化的活动，而是把思想、行动和语言等综合看成一个整体。例如，在西方，汽车销售员能否把汽车卖给顾客的知识，主要来源于销售员的销售知识、技能、心理学知识及头脑中的想法。日本人考虑的不仅仅是推销的具体知识和步骤，还会充分了解顾客的喜好、顾客的关系等，强调推销员是否愿意从技能、思想和内心等方面去完成这项任务。完成特定工作或任务的强烈意图也是个体隐性知识的重要组成部分。

东方经理人习惯从线性思维角度来思考和评价知识在企业组织内的作用，遇到困难，会想方设法来解决问题，而不是把困难汇报给上级。很多公司经理人认为，创新知识不能机械地处理客观存在的信息，更要通过访谈等方法了解员工内心隐藏的看法、主观性的观点等个体不易外露和表达的部分。组织需要通过培训组织开发共享氛围、提升员工的投入程度等方式，调动员工贡献隐性知识。

3. 完整的知识观

Nonaka 通过整合东西方对知识（包括显性知识和隐性知识、理论知识和实践知识等）概念和内涵的定义，认为与西方公司相比，日本公司在制造业和服务业方面的创新更加突出，全球很多工业企业不但应向日本公司学习制造技术和工艺，还要学习日式企业的知识创新体系，这样才能依靠知识创新来提升公司的竞争力。

随着对知识研究的关注，Nonaka 在知识跨文化比较研究的基础上，对波兰尼的知识观做了深入研究和创新，认为日本企业管理过程中的年功序列制和终身雇佣制等方法，对调动员工贡献隐性知识具有重要作用。Nonaka 强调企业重视科学研究和技术开发过程中的“整体知识”，从而达到哲学层面追求的“天人合一”，在管理界引起了很大轰动。

二、知识管理的基本方法

（一）知识管理的含义

随着知识密集型组织的增加，我们也进入了知识经济时代，知识管理的作用日渐重要。由于知识及智力资本对组织发展作用的比重更加突出，所以管理方式开始从激励员工体力劳动到引导员工多用脑力的方式转变。员工拥有知识和专业技能在工作中的作用已经超越体力，有效引导和鼓励员工脑力劳动成为一个新的研究领域。

知识的爆炸性增长催生了知识管理，“摩尔定律”说明了芯片密度不断地飞速增长，“香农公式”有力地促进了移动通信技术的发展，大数据、通信技术等科技的不断发展，也导致了很多知识的产生，怎样管理这些知识成为管理学在知识经济时代重要的发展方向。

1. 知识管理的界定

对于知识管理的界定，研究者从不同的角度出发提出了很多种定义，但大部分定义围绕着知识管理的目标、流程和对象展开，其目的包括提升组织绩效、知识管理与知识创新、收集和共享等。通过梳理现有文献，知识管理的定义如表 2-3 所示。

表 2-3　知识管理的定义

视角	定义	观点
基于知识管理的目标	知识管理是促进组织发展及改善组织绩效的活动，其目标是提升个体的绩效，提升组织的知识创新和应用能力	巴什（Bassi）认为，知识管理是增强组织绩效而创造、获取和使用知识的过程
		达文波特（Davenport）认为，知识管理表现为知识的创造与知识的应用
		弗拉保罗（Frappaolo）认为，知识管理是运用集体智慧提高创新能力，为企业实现显性和隐性知识共享提供新途径
基于知识管理的流程	知识管理是对知识的创造、获取、共享等知识流程的管理，这些知识流程可以和组织的运行流程整合	米勒（Millar）等认为，知识管理包括四个相互依赖的活动：知识的识别、知识的编码、知识的交流和知识的产生
		萨拉维（Saravary）认为，知识管理是组织成员经过创造与使用共有知识的程序，包括知识的获得、组织学习与知识的扩散
基于知识管理的对象	知识管理是对员工或组织知识或知识资产的管理	罗赛特（Rossett）等认为，知识管理是确认文件化和分类化存在于组织员工和顾客中的显性与隐性知识
		德鲁克（Drucker）认为，知识是知识经济社会的基础资源，知识管理是对知识工作者的管理
基于知识管理的方法	知识管理呈现为提升企业竞争力的有效方法和策略	知识管理保证在最需要的时间将最需要的知识分享给最需要的人，改进组织行为的方式，并将信息付诸行动
整体观	知识管理是一个动态、持续的知识获取、存储与创新的过程；是由知识员工把个体显性与隐性知识转化为组织知识，并不断扩大组织智力资本以提升组织竞争力的过程	知识管理需要由具备专业知识的员工、具体的知识管理策略、组织文化等强有力的措施支持实施。因此，知识管理的重心是促进隐性知识和显性知识相互转化，实现组织内部隐性知识共享，促进组织绩效提升。知识管理包括知识员工及智力资本的管理，知识员工是创造组织的主体，组织智力资本是其竞争优势的重要来源

2. 知识管理的公式

知识共享是知识管理的重要目标之一。安达信公司（Arthur Anderson）提出的知识管理公式，即组织成员、信息、共享意识与知识之间的关系为：$K=(P+I)\times S$。其中 K=Knowledge（知识），P=People（组织员工），I=Information（信息），S=Share（分享）。知识管理必须通过将组织员工与信息技术充分产生化学反应，在共享的组织文化氛围中达到乘数的目的。

组织内部信息积累和流动是知识管理的基础，只有知识传播和共享才能使知识管理达到扩散和乘数效果，才能使知识和信息产生价值。知识分享程度越深，范围越广，员工可以获取其完成工作任务所需的知识、个体知识产生的价值越多，进而促进组织知识和组织绩效提升。

知识管理在知识型组织中的目的是有效提升有价值知识的共享和传播。例如，很多高科技公司为了促进员工间知识共享，由拥有共同兴趣和专长的员工建立了许多虚拟社区和内部留言板。组织内的员工就自己完成工作所需要的知识或遇到的问题及时通过电话、电子邮件、在线聊天和留言板等方式发出“求救信号”，等待具备这种知识或能力的员工“救援”。随着国际发展需求日益多样化，世界银行的“知识分享”也不断创新，从1996年提出“知识银行”的倡议，到2013年提出打造成“解决方案银行”，把解决问题的发展方案分享给客户。为了实现“消除极度贫困”和“实现共同繁荣”两大目标，世界银行在组织内部培育一种“提供解决问题方案”文化。世界银行基于过去几十年支持发展中国家过程中积累的关于“如何解决发展问题”的经验，使自身角色从单纯的项目和资金支持向与项目所在国家积极合作共同制订解决方案转变。

（二）知识管理的运行系统

知识管理运行是一个复杂的系统，知识型组织不但要建立切合组织发展的知识管理流程，还要构筑有利于知识管理运行的制度和环境。

1. 知识管理运行系统的构成

有效的知识管理离不开组织员工和高层的支持。因此，知识管理的运行系统包括如下部分：

（1）组织机构。由特定的知识管理机构和人员来负责、指导和推动组织的知识管理工作。知识管理的运行，首先需要组织高层的支持。在组织内部设立专门负责推行政策的知识主管。

知识主管必须为组织规划知识管理系统与制度，建立起组织知识的持续运作机制，促使组织知识搜集、共享扩散、创新和引用，使知识得以发挥最大价值。

（2）流程系统。这种过程涉及数据搜集、形成个体和组织知识、知识共享、知识应用、知识创新等一系列循环过程。

（3）操作系统。进行知识管理需选择适当的知识管理方法。

（4）支持系统。为知识管理的运行创造良好的实践环境。

2. 营造知识管理环境

实施知识管理活动，不仅要对知识应用和共享进行有效管理，还要营造良好的实施环境和组织内部积极支持的氛围，以实现组织目标、激励等为促进因素，有效地支持知识管理工作。一个组织要有效实践知识管理，需要做好以下准备工作：

（1）高层领导意愿：组织高层领导必须凝聚共识，营造有利于知识管理实践的环境，积极推行并领导员工共同实践知识管理。

（2）组织氛围：知识管理是通过知识分享、应用和创新，提升组织及其员工的绩效与创新能力。因此，如何营造开放的组织共享气氛，构建促进知识共享的组织文化，是组织管理者需要思考的战略问题。

（3）激励策略：建立有效的激励策略，才能有效促进员工和组织的知识转移、流通和创新。组织和员工要有知识产权保护意识，如果员工的知识产品得不到保护，价值得不到体现，知识创新和共享将难以实施及推广。在知识管理活动中，人和技术因素至关重要。个体不仅可以创造隐性知识，而且是知识创造和传播的主体，在知识传播的各个阶段人都是参与的主体。认识知识创造和传播的决定性因素，也是知识管理的重要载体。

技术主要是在知识创造与传播过程中起作用。例如，知识的编码和存储需要依赖信息技术，进一步强化和方便人们的沟通和交流。随着信息技术的发展，技术越来越成为知识管理的重要维度，但是技术毕竟是一种手段，并不能取代人在知识管理过程中的主体作用。

（三）知识管理的基本策略和方法

1. 策略

汉森（Hansen）等在研究企业知识管理运行过程中，提出了编码化策略（Codification）和个人化策略（Personalization）两种策略。

（1）编码化策略。编码化策略是指将知识编码并储存在数据库中，组织成员可以很方便地获得并使用这些编码的知识。只有标准化和显性知识才能进行编码，例如，通过编码化策略，可以快速地调用和分享共性知识。

例如，IBM 和华为等一些大型科技公司，在知识管理方面遵循的就是编码化战略。公司开发内部知识数据库，方便全球各地的员工对于共同项目可以同步进行知识的编码和调用。知识编码首先由知识开发者提供，任何组织内成员都可以提供或调用编码的知识用来支持同事的工作或完成自己的工作。基于编码化战略，安永公司知识中心主任普尔（Poole）指出："我们删除那些只适用于特定客户的信息，然后从文档中抽取面试指南、工作日程、基准数据、细分市场分析等关键知识，把知识存储在电子数据库中用来调用。"这种做法让很多组织成员能搜索并调用自己需要的编码知识，而无须认识或经过该知识的最初开发者允许。通过知识使用的规模效应，降低组织和个体各种沟通和获取新知识的成本，使企业得以快速发展。

（2）个人化策略。由于隐性知识难以编码，需要通过知识所有者和需求者面对面或手把手等人际接触来实现知识传授和分享，这种知识管理策略被称为个人化策略。电脑是协助人们传达知识的工具，而非用于储存知识。个人化策略需要建立起一种制度，让组织成员能够寻找到可以进行知识分享的同事。特别是在非标准化产品制造企业中，师徒制就是个人化策略的典型体现。

组织在知识管理过程中需要依据面对的问题与具体情境的不同而选择编码化策略或个人化策略。两种策略在实践过程中不是相互对立而是相辅相成的。例如在具体的管理方法选择上，企业既需要支持显性知识管理的数据库，也需要支持隐性知识分享的沟通网络，只有这样，知识管理策略才会完善。

2. 方法

在企业具体实践中，如何寻找、创造和共享是知识管理工作的重点，因此知识库（Knowledge base）、知识地图（Knowledge map）和知识社区（Knowledge community）是知识管理工作的三种基本方法。

（1）知识库。企业知识库是一种基于知识编码建立的知识管理方法，是集知识的获取、分类、创造、流通等为一体的职能知识处理系统。该系统能自动或以人工方式针对某一组织主题的知识，按一定的模式进行编码，并对各种类型的知识进行更新和维护，从而支持企业知识管理的实施。建立知识库的目的，是让员工较容易地提前获取自己工作所需的知识。

知识库建设，一般有以下五个步骤：

①分析构建目标。首先根据知识的目标，分析实现一个目标所需的知识类型、形态和存储情况，确定知识库的规模、类型，明确知识库要解决的问题。知识库应具有针对性、结构合理和规模适度，考虑成本开支和经济效益。②构建知识库框架。构建知识库是为了实现知识创新和知识共享。根据构建目标设计知识库的架构，根据目标需要选择合适的数据模型，如网状型、射线型、面

向对象型等，针对不同用户设计友好界面、不同风格和用途的检索系统。用户界面主要提供产品知识、组织形象、服务内容等。③更新知识、去除冗余。将与目标不相干的知识和数据进行净化处理。组织内部的知识多种多样，把组织内部的知识全部存入知识库是没有必要的，根据构建目标选择相关知识，对选取的知识进行检索，除去重复知识或关联性较弱的知识，使得知识库中的知识更加精练和可靠。④知识优化。经过整理、筛选后的知识，通过分类或聚类等方法，按构建目标进行重新组合，并对重新组合后的知识进行优化，对知识单元进行结构化处理。未来充分利用知识库中的知识，便于发现新知识，并通过工作流程或项目流程方式将相关知识联系在一起，以便快捷地查询不同类型的知识。⑤实施和联网。将净化、优化和排序后的知识，按照框架结构组织起来，形成有机整体，对类知识建立索引，并将数字化、有序化的知识储存在数据库中，接入互联网，在特定的操作系统支持下为用户提供基于解决方案的知识。

（2）知识地图。由于隐性知识无法编码，对于个人的工作技能或经验，往往需要通过手把手的指导才能传递给其他人，知识地图可以解决隐性知识不可以编码、无法通过数据库进行储存和传递的问题。

知识地图是提供知识需求者和知识所有者之间的联系途径，知识需求者可以通过知识地图很快地找到掌握自己所需知识的学者或专家，与专家进一步联系获取完成工作所需的知识。知识地图是组织内部个人和组织知识的知识库存目录，它告诉知识需求者组织有什么知识项目，它分布在什么地方，通过何种途径获得等。

知识地图包括组织内部知识资源的目录，并指出目录中各知识模块之间的关系。知识地图是组织利用现代技术制作的组织内部知识资源的总索引，以及各种知识之间关系的综合体。知识地图可以清楚地解释促进组织发展相关知识资源的功能、结构，以及各种知识模块之间的业务流程。

企业中的知识地图能够有效解释知识获取和流失的成因和机理，显示企业内部知识流的运行过程，进而协助企业减少员工流失给企业的知识资产带来的损失。知识地图在企业知识管理中的作用主要体现在以下四个方面：

①避免员工知识的重复生产，充分实现资源共享；②解决“知识孤岛”困境，并在知识之间建立联系；③协助员工快速地获取所需知识；④为员工提供更好的学习、利用和创造知识的条件。

（3）知识社区。知识社区是指组织通过激励或鼓励具有互补功能的员工组成知识共享小组，通过积极的沟通或互动来分享自己所拥有的核心知识，包括隐性知识。知识社区的侧重点是隐性知识和个人化策略的知识。根据知识管理的基本策略视角分类，知识库和知识地图侧重于显性知识和编码化策略，而知识社区是一种基于人际共同体进行的知识分享的个性化策略。

实践社群是企业中具有相同或不同的工作背景和经历的人群因为共同兴趣、目标而自发组成的一种非正式群体。智力密集型组织中知识社区的基础是实践社群。由于实践社群对知识的产生、分享和运用至关重要，从 GE 到华为等很多500 强企业都创办以企业名字命名的企业大学，企业大学组织本身和所讲授的知识等都是在积极鼓励和支持实践社群。

在很多知识型组织中，都在积极鼓励成员提供内容服务，并且确定出相关的基本资料，使查找和定位知识更加快捷。很多社群自发地鼓励员工根据自己的特长来自由组队参与项目，在这种氛围中，个体能够认识很多有相同兴趣的同事，激发出信任感和责任感。

实践社群能够快速识别正确的专业知识，为客户提供咨询或为同事答疑解惑，提供最佳的答案。实践社群知识库让个体能够分享不同主题的观点，鼓励员工在没有日常业绩压力的情况下，相互传递想法和寻找解决困难的答案。

知识社区中的实践社群是实现隐性知识分享和转移的最佳途径。正如谷歌公司所提倡的：学习是一种社交行为，只有在特定的社区中才能有效果，知识社区通过一定的基础设施，使企业内部、内部与外部同时达到知识互换、知识共享的目的。随着知识密集型组织的增多，员工在轻松和愉悦的氛围中交流和沟通的作用显得更加重要，员工处于放松的状态中，可以通过与同事分享而激发灵感，产生创造性思维，可以独辟蹊径地解决一些有困难的问题或工作。知识社区为组织及员工创造知识提供了良好的交流机会，使企业在激烈的竞争中为消费者生产出更有价值的产品，进而不断发现市场空白及新的增长极，培育新的竞争优势。

（四）知识管理的分类

本书讨论的知识管理是定位在组织层次，根据研究范围把知识管理分为社会知识管理、科学知识管理和组织知识管理三种。

1. 社会知识管理

社会知识管理突出对社会发展过程中出现的新现象、新问题和新知识等进行宏观研究，包括不同历史发展过程中产生的文化差异以及不同社会文化背景下知识产生的机理和传播规律等。这一管理分支在很大程度上得益于社会学、组织行为学等相关学科的研究成果。

2. 科学知识管理

科学知识管理研究自然科学知识的产生和规律的总结。其是探索科学规律和改进实验方法和仪器的知识管理。科学知识管理是知识管理领域最长久的分支，其研究内容包括知识在不同学科之间流动、学科交叉等问题。科学知识管理在很大程度上得益于科学方法论、社会认知论、科学史和情报学科的研究成果。

3. 组织知识管理

组织知识管理是知识管理领域产生最晚但发展最快的分支，包括公司、社会组织和非盈利组织的知识管理，探究通过改进知识流程，提高组织效率和效益，包括知识的财务评价指标、促进知识创新、建立基于知识资源的模型等问题。这一分支在很大程度上得益于高等数学、财务管理和人力资源管理等学科的研究成果。

在知识管理领域，公司知识管理最为活跃，也吸引了很多学者的关注，所以人们常常将知识管理视为公司知识管理的同义词。目前知识管理在全球很多公司内得到认可并全面推行，各公司纷纷将知识管理视为公司应对竞争和挑战的重要手段。随着经济全球化趋势的发展和外部竞争日益激烈，很多公司为了应对挑战会进一步将知识视为获取和保持竞争优势的核心资源，有效的知识管理是在新形势下实现公司转型发展的关键。

第三章 知识隐藏的论述

一、知识隐藏概述

虽然知识隐藏在组织中是一种普遍存在的现象，很多学者从组织行为学视角出发，期待通过提供奖励，借助管理信息系统等方法来激励员工分享知识，结果没有达到预期效果。如果不能从员工的视角出发，理解员工选择知识隐藏策略的心理动机和影响因素，组织的知识管理实践措施往往效果不明显。

Connelly 等（2012）首次系统论述并提出知识隐藏的概念，将其定义为个人故意企图隐藏或掩饰其他人的知识请求。知识隐藏具有两个关键点：第一，知识隐藏发生在二元互动情景下，关注的是知识寻求者向知识拥有者或隐藏者提出具体知识请求时的情况。第二，知识隐藏是一种有意而为之的行为。例如，一名员工可能会向同事请求特定的内容，同事回复说该内容是公司的机密，他/她没有权限透露。在这个例子中，如果报告确实是公司的机密，这种回复并不涉及欺骗。知识隐藏的另一个例子是同事提供一些并非对方请求的知识，这种情况下，可能会涉及欺骗行为。隐藏行为并不总是具有欺骗性或负面影响，所以，组织领导不应该将知识隐藏视为欺骗行为。另外，知识隐藏可能具有积极的结果和影响，例如“善意的谎言”（Saxe, 1991），可能是为了照顾他人的感受、保护组织的机密信息和利益而进行知识隐藏。在这些方面，知识隐藏没有消极的影响。

Szulanski（1996）将知识转移定义为“在信息源和接受者之间进行的组织知识的二元交互，其中接受者的身份很重要”。值得注意的是，在上面的例子中，这些知识请求来自个人，而不是来自团体或组织。由于二元交互结构是知识在组织内传递的主要方式（Hislop, 2002），因此，我们研究隐藏在二元交互结构（隐藏者和寻求者）中知识的请求和隐藏。

知识隐藏在组织中理论的前因和后果如图 3-1 所示。在激烈的竞争中，知识所有者因为担心共享核心知识而失去晋升机会或自身价值，所以倾向于通过知识隐藏来形成自己的竞争力。知识分享也会产生一些额外的成本，比如知识所有者需要花时间和精力把自己拥有的知识整理好甚至写成文档发给同事，或在向同事讲解的过程中因为对方的知识层次或理解能力造成传递障碍，甚至造成人际关系矛盾，在知识共享过程中会产生时间成本。

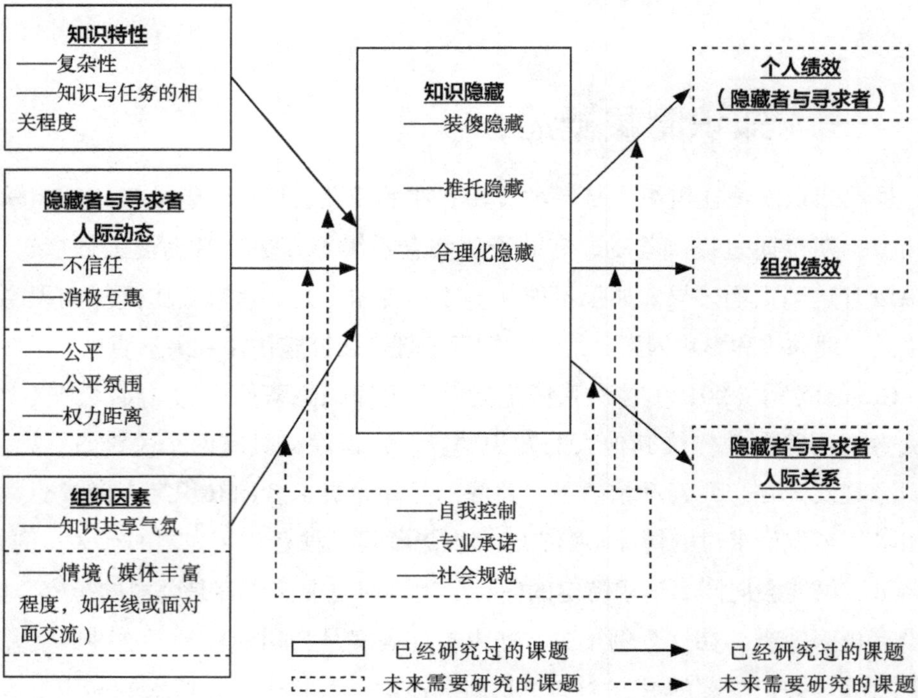

图 3-1　知识隐藏在组织中理论的前因和后果

来源：Connelly et al.,（2012）；何亦名和姜荣萍（2014）。

如果知识所有者选择知识共享会获得一些物质或精神收益，如可以在企业内获得同事的尊重和领导的表扬，也可以使自己的人际关系变得更好。知识所有者选择知识隐藏和知识共享都可以为自己带来一定的收益，他会对两者的收益大小进行比较，然后做出符合收益最大化的决策。

知识公共物品属性与知识隐藏之间的关系如图 3-2 所示。组织中的集体知识可以看作一种公共物品，个体通过利用一些组织知识或信息来提高自己的工作绩效，这些知识或方法对于其他同事也是有帮助的，个体的使用并不会减少知识的价值和数量，因此也不会对其他同事造成影响。

几乎所有成员都会从组织知识中获得利益。当知识贡献者发现其他人没有为组织贡献知识，却享受组织知识带来的收益时，很多成员存在“搭便车”的行为，就会有不公平的感受，知识贡献者也会选择知识隐藏来避免这种现象。随着组织中贡献知识的人数越来越少，知识的价值也会越来越低，以至于无法形成有价值的知识库，知识流动性衰竭并且会进一步导致恶性循环，最终会导致组织因失去发展所需的知识、缺乏创新而走向衰落。

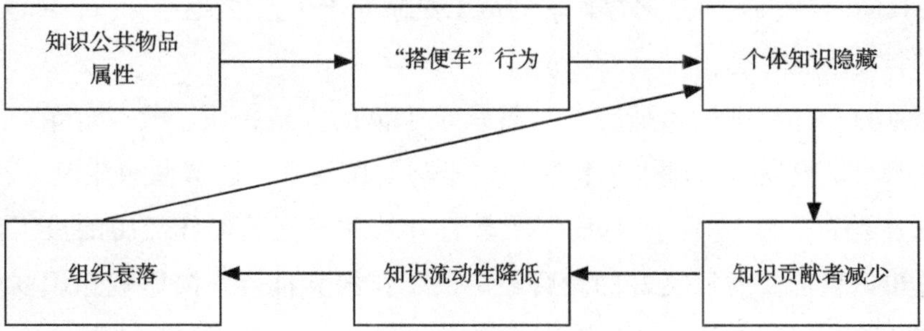

图 3–2　知识公共物品属性与知识隐藏之间的关系

二、知识共享影响因素分析

学术界对知识共享已经展开了深入的研究，通过整理现有研究资料发现组织情境因素、人际和团队特征因素、文化特征因素、个体特征因素及动机因素是主要的影响因素。

1. 组织情境因素

组织情境为知识共享营造了有效的促进氛围。从组织氛围角度出发，Hsu（2006）指出组织文化、良好的人际关系和学习型组织等对知识共享有重要的影响。从组织激励的角度来看，主要关注组织支持对知识共享的影响，组织奖励和激励、团队奖励等支持措施也会对员工的知识共享产生一定的影响（Ferrin & Dirks，2003）。从组织特征因素视角出发，Liebowitz（2003）认为组织职能部分越多，知识共享的难度也就越大，工作小组法和轮岗指导等也会促进组织内部的知识共享。

2. 人际和团队特征因素

人际关系和团队特征的关注也是影响知识共享的重要因素。首先，前因研究结果证实和谐的人际关系和人际信任对知识共享有重要的影响（路琳 & 陈晓荣，2011）。其次，团队特征因素，包括团队成员相处时间、团队规范、团队异质性等因素都会影响组织内的知识共享（王端旭，朱晓婧 & 王紫薇，2009）。还有部分研究者通过社会网络分析方法系统探讨了知识嵌入、直接和间接的联系、员工关系强化等对知识共享的影响（Reagans & Mcevily，2003）。

3. 文化特征因素

学者们在跨文化研究中主要聚焦文化差异、集体文化等因素对知识共享行为的影响。很多关于中美员工的文化差异研究显示：中国文化情境下的员工集体主义倾向明显；美国文化背景下的员工更倾向于个人主义。

4. 个人特征因素

目前的个体特征因素研究主要聚焦于个体的人格特质、教育背景、工作经验等方面。研究发现外倾人格特质倾向于与同事共享自己掌握的知识（尉佳芸，俞煜婷 & 路琳，2014）。具有良好的教育背景和丰富的工作经历的员工会形成较好的知识自信，所以良好的教育经历及工作经验都会正向影响知识共享行为（李夏楠，2013）。

5. 动机因素

共享动机是知识共享研究的核心议题之一。动机的研究往往将员工看成理性的个体，知识共享动机主要包括经济、声誉、互惠和利他动机四个主要方面。相关研究表明，追求互惠是知识共享的重要推动要素，利他动机可以看成互惠动机的一种特殊形态，利他动机也对促进知识共享具有重要的作用（Chang & Yeh，2014）。

三、知识隐藏与知识共享的区别

知识共享几乎一直存在于人类活动的所有领域。在20世纪的最后几十年，组织在提高效率和效能方面面临着越来越大的压力。因此，知识管理（Knowledge Management）研究正式被引入并被认为是一项重要的管理活动（Prusak，2001）。在知识管理研究和实践中，组织内部知识共享，当员工向同事传达他们所具有的显性和隐性知识时，被认为可能会改善内部流程、创新、竞争力和绩效（Kianto，Andreeva，& Pavlov，2013）。

知识共享被认为是富有成效的知识行为，但是，存在着许多类型的反生产行为，阻碍了组织实现其整体目标。知识共享的敌意与个人知识的积累和隐藏以及拒绝外部知识有关。Husted & Michailova（2002）的研究指出，为了确定知识共享的敌意程度，需要了解知识提供者囤积知识的原因，找出接受者拒绝知识的原因，并发现组织对所犯错误的态度。当与共享知识相关的知识受到限制时（没有完整的知识披露，保密或者对组织有风险），只会进行部分知识共享。

部分知识共享的原因包括试图防止接受者混淆（与该知识不太了解的个人分享知识时，避免对方认知超负荷），避免浪费知识提供者和接受者的时间，同时仍然给予接受者足够用的知识来开展他/她的工作，知识提供者和接受者之间具有不同的兴趣和感受，这意味着只分享最适合双方的知识。

知识隐藏行为不是知识共享不足或者知识共享的对立概念。知识隐藏行为是面对同事的知识请求时有意保留或隐瞒知识的行为。知识隐藏行为和知识共享不足实际上两个变量在概念上并不是相对的，知识隐藏和知识共享不足行为体现比较相近但潜在影响动机并不相同。知识隐藏的动机可能基于维持自己在组织中的优势和地位，提升自己的竞争力等一系列原因，知识共享不足主要是基于知识本身不足的原因，是有分享动机的。例如，当一个员工接到同事的知识请求时很乐意分享该知识，但是由于自身知识储备不足或能力有限导致无法分享，他不是有意要隐藏知识，只是没有能力进行知识共享。所以，知识隐藏并不包括由于疏忽、意外或大意等导致的知识共享失败情况。如果个体在接受知识请求时有能力进行分享但假装不知道而隐瞒知识，这就是知识隐藏行为。

当员工自愿与同事分享个人的隐性知识（例如专业知识、技术诀窍和技能等）和显性知识（例如文档、视频、报告和模板等）时，就会在组织内部进行知识共享（Nonaka，1994）。个体分享知识这个过程已经成为知识管理领域最重要的研究课题之一，吸引了众多学者的关注。例如，我们统计知识管理领域重要的期刊《知识管理杂志》（*Journal of Knowledge Management*）于2016—2017年发表的所有论文中有明确关注知识共享研究的比例高达50%。虽然关于知识共享研究的数量在不断增加，但知识隐藏行为却受到较少的关注和研究。尽管知识隐藏是当代组织中一种常见的现象，也经常被观察到，但是大多数学者都专注于在组织中如何促进知识的应用，特别是强调知识共享，有时候会带来灾难性的后果（Connelly et al.，2012）。这是因为，第一，员工需要花费很多时间和精力来获取知识，所以他们会十分慎重地选择是否与其他同事分享。第二，当员工和同事在交流过程中观察到知识隐藏行为时，他们的组织承诺水平会降低。第三，内部知识流动的阻碍可能会降低组织竞争力、创新水平和盈利能力。第四，当员工离开所在的组织时，他们的知识会对本组织失去意义，除非提前与他人共享，使该知识保留在组织内部。

区分知识隐藏和缺乏知识共享很重要。许多学者认为知识隐藏是知识分享的缺失或对立面，但知识隐藏被视为有意隐瞒或回避其他人的知识请求。知识隐藏和缺乏知识共享不是对立的，两个变量在构念上具有不同的结构，虽然两个变量看起来非常相似，但它们背后的动机是不同的（Connelly et al.，2012）。知识隐藏可能受到许多不同原因的驱动（例如亲社会行为、工具行为和懒惰等），缺乏知识共享可能只是因为缺乏对方所需求的知识而已。例如，员工收到对方的知识请求，但是他/她没有掌握对方所请求的知识，所以无法进行知识分享，这就是缺乏知识共享能力。因此，该员工不是故意隐藏或回避对方的知识请求，而是他/她无法参与分享行为。知识隐藏不包括员工失误、犯错或意外等无法分享知识的情况。相反，如果他/她具有对方所请求的知识，并且不分享给对方（例如假装没有这方面的知识，或者同意帮助对方但没有真正帮助的意图），这可以被视为知识隐藏行为。

作为一种知识管理领域的负面行为，知识隐藏代表了反生产工作行为的一个特定维度，是一种普遍和多层次的概念。反生产工作行为被定义为违反重要组织规范的行为，并在此过程中威胁到员工、组织或两者的利益。组织内的反生产工作行为受到人力资源管理学者的关注，已经成为研究人员、管理人员和社会公众关注的主要领域（Spector，Fox，Penney，Bruursema，& Goh，Kessler，2006）。员工可能会对特定的同事（例如由于个人关系因素）或组织（例如不公平的补偿和晋升制度）隐藏所掌握的知识。知识隐藏行为的范围可以从微观领域（例如忽略小的请求）到宏观领域（例如故意隐藏可能影响组织发展的重要信息）。

脱离知识共享被定义为既没有积极地分享（传播）他们所掌握的知识，也没有动力保护他们个人的知识（Ford & Staples，2008）。换句话说，在知识共享方面，他们在工作场所内保持了沉默和退缩。由于员工对工作的投入少，他们既不隐瞒自己的知识，也不主动与他人分享知识。当员工期待获取信息的时间与员工收到信息或决定停止等待的时刻之间存在差距时，信息交换延迟就会变成负面的工作场所事件（Guenter，van Emmerik，& Schreurs，2014）。知识共享威慑和障碍指的是抑制知识共享过程中的组织和个人因素。知识保护被定为有目的、有意图和意向的组织活动，以防止知识资本被转移到第三方（包括竞争对手）。虽然知识保护也受到学者的关注，但不能将它归类为组织内的反生产行为，因为知识保护的目标是组织（Manhart & Thalmann，2015）。

四、知识隐藏与其他职场行为的区别

通过梳理现有文献发现四个重要问题。尽管知识共享研究丰富，但是对知识管理领域的反生产知识行为的关注很少。总的来说，首先，本节所列举的每种类型的反生产知识行为的实证研究很少。其次，这些反生产知识行为的名称和定义存在重叠部分。例如，知识隐藏和信息隐藏存在着类似之处，知识分享敌意包括了知识囤积的部分因素，对这种现象缺乏明确统一的定义。再次，上述大多数定义并未强调组织的另一成员明确要求必要的知识这一事实情况，换句话说，知识所有者必须已经明确地收到对方对他 / 她的知识请求；又次，上面所讨论的反生产知识行为并非都是有意的，在一些情况下，个体不会特意地试图隐藏对方所寻求的知识。例如，信息交换延迟可能是由很多原因导致的，包括技术问题，对方比较忙暂时无暇顾及请求。最后如果知识接受者没有做好吸收对方的全部共享知识的准备，就会发生部分知识共享，这是由知识接受者（或寻求者）的个人原因造成的，而非知识分享者（提供者）的原因造成的。知识共享障碍可能存在的原因是个人害怕对方批评，担心自己的知识并非对方所寻求的而误导别人或者是担心出现“费力不讨好”的情况。

知识隐藏概念的提出解决了上面所讨论的请求和意图的问题。在目前的研究中，组织内知识隐藏被定义为员工在面对同事的知识请求时故意回避或隐瞒的行为。这个定义成立的条件是：有人提出了明确的知识请求，知识持有者具有这种知识但无意分享（Connelly et al., 2012；Connelly & Zweig, 2015）。虽然知识隐藏和其他反生产知识行为有重叠部分，但是不同之处在于知识隐藏必须包括一方请求和另一方隐藏意图部分。例如，个体会通过知识囤积来积累与工作有关的知识，但这并不意味着他们会根据其他同事的请求有意识地保留或隐藏知识。如果个体缺乏将知识分享给他人的动机（例如组织认同、组织投入和共享行为），个体通常不会进行知识分享。相比之下，知识隐藏者会受到阻碍他们进行知识分享的各种因素（例如懒惰行为、害怕竞争及保持自己的优势和地位等）的驱动。

知识隐藏和组织中的其他行为比较如图 3-3 列举了知识隐藏与其他职场行为（包括知识囤积、欺骗行为、社会破坏行为、侵犯行为和反生产行为等）的异同之处。由 Connelly 等（2012）开发的知识隐藏与工作场所行为之间的关系模型最初旨在澄清知识隐藏与社会破坏行为、侵犯行为等其他行为之间的区别。

虽然知识隐藏与其他工作场所想行为之间可能存在一些概念上的重叠之处，但就本研究而言，知识隐藏在知识转移过程中被认为是一种独特的结构。

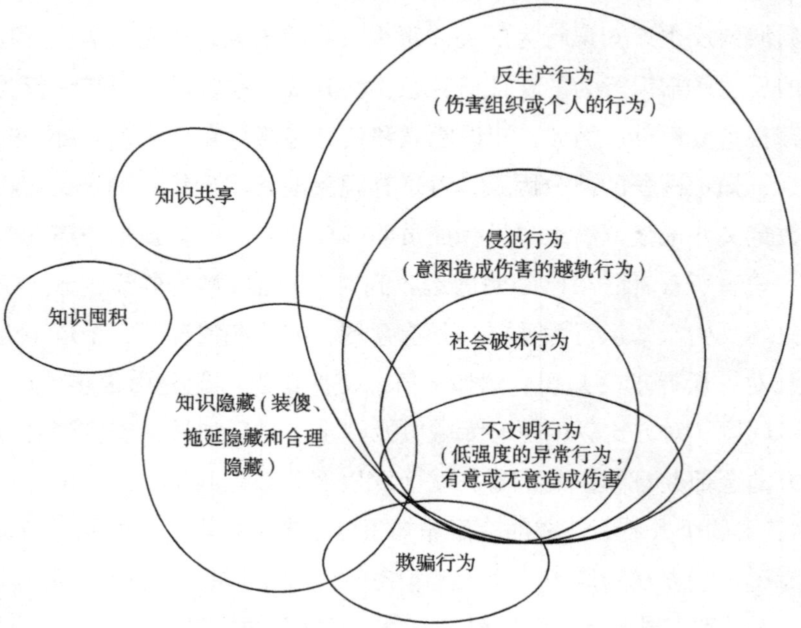

图 3–3　知识隐藏和组织中的其他行为比较

来源：Connelly 等（2012）。

1. 知识隐藏与知识保留、囤积

知识保留是指个体所贡献的知识少于他们所拥有的知识，个体没有完全贡献自身知识的行为。员工故意不与同事分享重要信息，即便是意识到信息对他人很重要（Haas & Park，2010）。知识共享无知指的是无法阻止员工有效管理组织所拥有的知识。如果员工所掌握的信息充足，（他们就可以通过实施成功所需的适当的技能来执行。）知识保留指的是员工缺乏对知识缺陷和可用性的认识，这种行为不仅会阻碍内部知识的流动，还会对决策过程和沟通产生影响。

知识囤积指个体故意且有策略地囤积知识的行为，并且指向个体不但可以故意拒绝别人的知识请求，而且可以有策略地隐匿未被请求的知识。例如，员工在工作过程中，故意回避某些方面的知识。由于信息的不对称性，一般难以发现在组织或团队中存在隐匿知识的情况。

知识囤积可能与知识隐藏有一定程度概念和范围上的交叉。两者都是保留知识，但知识隐藏行为是向询问知识者故意隐藏所询问的知识，而知识囤积强调知识的积累不涉及是否被对方请求（Webster et al., 2008）。知识隐藏行为存在有意的企图，采用的方式多种多样。

2. 知识隐藏与工作场所反生产行为

反生产行为（CWB）指组织成员对组织相关者的合法利益存在潜在危害的行为，包括员工采取的“旨在组织或其他成员中产生不利影响的行为”（Fox, Spector & Miles，2001）。根据先前研究可知反生产行为具有三个显著特征：①有意性，指行为的发生不是偶然的，也不是受上级命令的；②消极性，对组织或组织利益相关者产生了伤害或者有可能产生伤害；③违背组织和员工的合法利益（Marcus & Schuler，2004）。Sackett & Devore（2001）认为员工的以下行为都是反生产行为：①只要该行为对组织是有意而为，无论结果如何；②该行为可以预见给组织带来损失或危害，虽然后果未必严重；③此行为对组织合法利益有潜在伤害。并且这三条都有违背组织合法利益的行为的动机和倾向。反生产行为包括旷工、迟到、磨洋工、不按照规定操作设备、散布流言等对组织和员工的合法权益造成危害的行为。

对组织而言，反生产行为不仅会给企业带来沉重的成本负担，甚至会导致企业破产。除了一些直接影响以外，由于员工马虎应对、胜任力差和玩忽职守等不当行为也会导致组织效益变差，另外由于反生产行为对公司造成的物料浪费以及零售商、供应商等合作伙伴流失等间接成本也非常高昂。当很多员工在工作过程中存在消极情绪等反生产行为时，也说明组织在任务分工、规章制度、执行力等方面存在问题。

知识隐藏和反生产行为的差异体现在：一方面，知识隐藏行为并不一定会造成损失，一些个体实施知识隐藏以保护组织的利益（保护组织的秘密）或顾及同事的自尊（避免对他人造成打击）。另一方面，反生产行为对个体和组织都具有破坏性影响（例如，制造人际矛盾、降低工作效率和实施破坏和盗窃等），知识隐藏针对的是个体，对组织和个体并不一定会造成危害。

3. 知识隐藏与工作场所侵犯行为

侵犯具有双向性和相对性，如果个体对他人有侵犯行为，那么他很可能成为对方回击或侵犯的目标。受到侵犯的个体也可能并不总是以回击或侵犯对方作为回应的手段，因为个体可能会认为所受到的侵犯不严重，没必要回应或报复；另外，在上下级关系中，即使下级受到上级侵犯，也可能会因为缺乏回击的能力或者害怕再次遭到侵犯而选择不回击对方。工作场所侵犯行为研究如表 3-1 所示。

表 3-1 工作场所侵犯行为研究

学者	研究观点
Baron，Neuman & Geddes（1999）	1. 显示敌意包括口头的、象征性的行为。例如，羞辱、贬损的评价、威胁等，它容易造成受害者的消极的认知，增加受害者的担忧和压力，降低其自信和自尊，是一种比较常见的形式
	2. 蓄意阻挠包括消极的、倾向于阻碍绩效目标完成的破坏行为。例如截留完成工作目标的关键信息、影响他人工作能力的发挥以及误导他人和组织。这些行为给他人或组织造成的损害不容易察觉
	3. 公开侵犯一般被看作工作场所的暴力。例如，人身攻击、对组织设备和财产的破坏等
Davis（2003）	组织中的员工、客户或组织的各种隐蔽的、公开的伤害行为，这种行为广泛地发生在工作场所，它对员工的身体、心里健康会造成不同程度的伤害，并严重威胁或损害组织机能的有效性
Schat & Kelloway（2005）	发生在与工作相关的环境中，针对组织内部个人的行为，旨在对工作或个体造成身体上或心理上的伤害
孙利平等（2008）	工作场所的侵犯可能以多种隐蔽的方式在心理上给对方造成伤害，受害者经常认为这种心理上的侵犯比身体上的侵害后果更加严重

虽然某些职场侵犯行为和知识隐藏存在着一些表面上的相似之处（例如，两种行为都针对个人），如前所述，但知识隐藏的目的不是伤害个人，而侵犯行为可能会对个人造成伤害，视程度轻重而定。因此，工作场所的侵犯行为和知识隐藏行为可以看作两个独立的行为。

4. 知识隐藏与社会破坏行为

尽管 Vinokur & van Ryn（1993）首次提出“社会破坏”的概念，但 Rook（1984）是第一批积极倡导研究人员更加关注社会秩序中存在问题的理论家之一。社会破坏和知识隐藏看起来有类似之处，社会破坏指的是“随着时间的推移，旨在阻碍员工建立和维持积极的人际关系，工作相关的成功和良好声誉的能力的行为”（Duffy，Ganster，& Pagon，2002）。

Duffy 等（2002）详细阐述了社会破坏定义的三个关键方面。首先，如果不将行为视为故意设计来阻碍目标，则行为不被视为破坏；其次，社会破坏行为未被发现或逐渐削弱；最后，根据定义得知，破坏行为是有意而为之的，但不同的当事人（如行为者和目标）可能对意图有不同的理解和看法。社会破坏包括沉默对待员工，让员工知道别人不喜欢他的某些行为，贬低对方及其想法，干扰正常工作等行为（Duffy et al.，2002）。虽然知识隐藏可能被用来维护自己的利益打击竞争对手，破坏社会竞争，但不同之处在于：知识隐藏不一定会造成伤害，也可以用来保护组织或内部员工的利益。

5. 知识隐藏与工作场所不文明行为

工作场所不文明指的是涉及粗暴或无礼地行事，不顾及别人的感受，这种行为并不带有明显伤害他人的意图，但会违反社会互动中相互尊重的规范和准则（Andersson & Pearson，1999），比如不尊重同事、没有礼貌和贬低他人等行为。工作场所不文明行为的特征如表 3-2 所示。

表 3-2　工作场所不文明行为的特征

学者	研究观点
Pearson，Andersson，Porath（2000）	当一方的不文明行为被另一方感知，并导致不文明行为演变为针锋相对的不文明行为时，工作场所不文明行为会潜在地引发螺旋式升级，当达到临界点时，工作场所不文明行为就会演变为暴力行为
Pearson，Andersson，Wegner（2001）	阐述了不文明行为的三个特征：违反社会和道德准则、伤害意图不明确和低强度
	1. 不文明行为违反了社会和道德准则，使得不文明行为称为工作场所越轨行为的一个特殊种类
	2. 伤害意图不明确是指不管对于实施者、接受者或观察者，实施者的伤害或者恶意意图都不明确，可能想要伤害某个人，给组织带来损失，或是出于利己的立场而表现出不文明的行为，也可能没有任何意图地表现出不文明行为
	3. 低强度，不文明行为不涉及人身攻击，所以不同于职场暴力，很难观察或测量，所以实施起来更加简单，因此变得更为普遍。不文明行为的实施者可以很容易地否定或隐藏自己的意图，本人可以完全否认，认为接受者误解自己的本意（自己无意的行为），接受者太敏感（太看重自己和计较）

虽然工作场所不文明行为与知识隐藏具有一定的相似性，但与工作场所不文明行为不同的是知识隐藏不一定是不礼貌行为，也不一定会伤害别人。相反，知识隐藏与不礼貌行为无关，隐藏者面对请求者的知识请求时，即使不会将知识提供给对方，大多数情况下也会礼貌地给予答复。

6. 知识隐藏与欺骗行为

欺骗行为指的是当信息传播者控制他们的信息，并且这信息传递过程中与事实发生了背离时，就会发生欺骗行为，一般通过造假、提供模棱两可的信息或隐瞒来进行（Buller & Burgoon，1996）。员工之间的欺骗行为不仅会降低组织运营效率，还会影响组织声誉，最终对组织发展造成不良影响。

然而，如前所述，知识隐藏可能具有欺骗性，也可能不具有欺骗性。大多数关于欺骗的研究都侧重于谎言检查（通常是儿童或恋爱关系的情景中），而不是与工作场所欺骗相关的感知和情景因素。撒谎的人可能依赖许多策略来否认或歪曲他们的错误行为，而谎言的接受者可能会被激励去关注情况的具体特征（Gordon & Miller，2000）。有一些关于职场欺骗行为的研究指出，欺骗理论将故意欺骗定义为参与利益冲突的双方之间的认知互动：欺骗者和目标。Grazioli

（2004）研究了学生时候可以在互联网上发现欺骗行为。本研究不是关注故意的欺骗行为，而是研究人们如何以及为什么在组织中以欺骗手段和其他方式进行知识隐藏。

Connelly 等（2012）研究指出知识隐藏是一个相对独立的构念。知识隐藏的主要特征有：①行为上是故意的。知识隐藏行为是一种对别人所请求知识的故意隐瞒；②不带有伤害意图。有些员工采取知识隐藏行为可能是为了使组织（比如机密信息）和个人利益（比如伤害同事关系）免受不必要的伤害；③不总是带有欺骗性。发生知识隐藏行为不一定是欺骗行为。

五、知识隐藏的前因变量研究

已有文献主要从知识属性、知识行为主体等三个方面来探究影响知识隐藏的前因变量。

1. 知识属性方面的前因变量

Pan & Zhang（2014）从知识是否可以编码和知识的情景依赖性视角出发，发现知识的内隐性和嵌入性对高校研究生的知识隐藏有显著的正向影响，研究生更倾向于隐藏不易用文字、语言或图片表达的内隐性知识。曹霞 & 宋琪（2016）从知识转移难度和知识黏性视角出发，发现知识黏性和知识转移难度对产学研主体间的知识隐藏具有显著的正向影响。

2. 知识行为主体方面的前因变量

（1）知识所有者的知识领地行为。领地行为最早出现在动物学研究领域，Brown 等（2005）将其引入组织行为研究领域，并将研究范围从物理空间的领地行为扩展到知识管理中的知识领地行为。Peng（2013）等研究知识管理领域中的领地行为，个体对知识的领地行为表现为保护个体对知识的控制权。姜荣萍 & 何亦名（2014）研究指出个体长期对知识的占有会诱发个体产生知识领地行为，知识所有者的知识领地性对知识隐藏有显著的正向影响。

（2）知识行为主体间不信任。Connelly & Zweig（2015）研究指出知识隐藏会导致员工之间不信任循环，从而加剧彼此间的知识隐藏行为，感知的知识隐藏对员工未来实施知识隐藏有显著的正向影响。姜荣萍 & 何亦名（2013）研究证实人际不信任对知识隐藏有显著的正向影响，因为知识所有者无法预测知识请求者的后续行为。

（3）知识拥有者的时间压力。Škerlavaj 等（2018）指出工作时间是员工在组织中重要的资源，当员工工作感到时间紧迫时，会倾向于首先完成自己的工作，会以时间不足或者没有时间为由拒绝他人的知识请求，选择知识隐藏行为。

3. 知识隐藏结果变量研究

现有文献研究主要集中在知识隐藏对隐藏者的创造力、寻求者和隐藏者的人际关系、团队绩效和创造力和组织知识进化等方面的影响。

知识创造力。Rhee & Choi（2017）指出知识隐藏对隐藏者的创造力具有显著的负面影响。Connelly & Zweig（2014）分别从知识隐藏者和知识寻求者两个视角，研究发现隐藏者认为拖延隐藏和合理隐藏会伤害双方的人际关系。

组织知识进化。Campbell & Donald（1960）研究指出，新知识产生时会同时存在大量正确和错误的、有益的和有害的、前向性和后向性等创新性知识，随着知识创新性演进，适当的知识得以保存，不适当的被淘汰，体现了知识的适应进化特征。康鑫 & 刘强（2016）研究发现知识隐藏会降低产学研间知识传播的速度和效果，对知识进化产生负面影响，容易造成组织知识活性降低，不利于组织知识的应用和创新。

虽然有研究指出初始团队成员的知识隐藏会造成不信任的恶性循环，最终伤害初始的知识隐藏者本人，但并未对造成的严重后果的形成机制和边界条件进行深入研究。

六、知识隐藏的维度

关于知识隐藏的维度与测量，现有文献主要有三种不同的维度，分别是：三维结构、二维结构和单维结构。

Connelly 等（2012）首次从个体采取知识隐藏行为方式的视角，通过归纳式量表开发方法（inductive scale development approach）开发了包含 12 个测度的知识隐藏量表，提出了知识隐藏由装傻、拖延隐藏和合理隐藏三个维度构成，每个维度均有 4 个测度。装傻的测度如“当同事向我询问知识时我会装作不知道这项信息”等；拖延隐藏的测度如“当同事向我询问某些知识时，我可能会说我对这个话题所知不多”等；合理隐藏的测度如“当同事向我询问知识时我会解释这项信息是机密的，只有特定项目的相关人员才可以获得”等。

根据赵婷（2013）的研究，在中国文化背景下，知识隐藏可以是二维结构。以 Connelly 等（2012）开发的 12 个问项为基础，通过 KMO 值和 Bartlett’s 球形检验结果删除了 4 个在中国文化背景下有歧义的问项，最终得到 8 个问项进行研究，将其命名为主动隐藏和被动隐藏两个维度，采用5个问项来测量主动隐藏，3个问项来测量被动隐藏。主动隐藏是指个体隐藏知识时采取推辞、假装不明白对方的知识请求以及给出部分信息等行为，其行为是出于主观因素和自身意愿而选择主动隐藏。被动隐藏是指个体隐藏知识时以不能违反组织规定等理由，表明其隐藏行为是由于客观因素或外力作用不得已选择被动隐藏。

Peng（2012）将知识隐藏视为知识型员工反生产行为的一种特殊形式，认为知识隐藏是一个单维度构念，并开发了一个包含3个问项的量表。

无论是三维结构、二维结构还是单维结构，之所以出现基本上是因为不同文化背景下人们对知识隐藏关注的焦点和侧重点不同。在中国的文化生活中，人际关系是一个非常重要的因素，请求者关注的是对方是否真的想知识共享，如果有主动隐藏的意图就会降低请求者对其的好感，即使请求者能理解隐藏者选择这种决策的目的，相应地也会降低双方关系的维系程度。如果是被动隐藏，受制于外界环境的影响（比如由于组织的规章制度或自己权限有限等因素），这种影响不是隐藏者所能左右或控制的，则可能降低这种损害的程度。知识请求者会理解虽然对方有知识共享的意图但是受外界条件限制没有共享的行为，这种认知对双方的关系是有利的。

综上所述，三种不同知识隐藏结构之所以出现可能是因为不同文化背景下人们做出的适合自己具体情况的选择策略。

七、知识隐藏的影响因素

通过梳理现有文献发现，导致产生知识隐藏的因素有很多，包括个体因素、知识特征因素和组织环境因素等，这些因素都会导致知识隐藏有可能发生，具体见表3-3—表3-5。

表3-3 影响知识隐藏的个体因素

个体因素	内容
对自身竞争力和优势的保护	知识密集型组织为了维持自身优势，经常鼓励员工进行知识分享，而很多员工都会认为自身的价值是由他们所拥有的知识质量和数量决定的，特别是核心知识。这些知识大部分是他们通过多年的努力、深入思考和多次试错获得的，所以累积和掌握的知识就会更有价值。为了保持自己的竞争优势，个体会选择隐藏自己所掌握的知识
时间的有限性	组织中的员工需要承担大量的工作，完成这些工作本身需要他们付出相当多的时间，若与他人进行知识共享，就要付出额外的更多时间或者挤压工作所需时间。因此，员工倾向于把时间分配在自己的工作上，或者其他有利于自身发展的活动上，而避免把时间用在知识分享上

续表

个体因素	内容
避免组织中的“搭便车者”	员工获取知识特别是有价值的信息需要付出很多努力，经过很多次试验才能得到，而组织中有些同事因为不愿意付出精力和时间来获取或创造知识，等着向别人请求或者分享，坐享其成，这类人就是组织中的“搭便车者”。并且这种分享模式会造成组织成员的懒惰行为，因为获取知识的方法和途径更加便捷和容易，员工就不会再花费很多时间和精力来获取知识，“搭便车”行为对组织知识的累积是不利的
避免信息传递中的不确定性	在信息传递过程中，由于发送者和接受者之间的认知差异或受到周围环境的影响，会造成信息失真，会出现不确定性。在知识分享过程中，由于知识接受者对所获得的知识产生认知偏差会对知识分享者造成一定的负面影响或者产生不必要的麻烦。为了避免出现这种既耗费自身精力也可能对自身造成不利影响的情况，个体会倾向选择知识隐藏行为

表 3–4　影响知识隐藏的知识特征因素

知识特征因素	内容
知识复杂性	当涉及复杂的知识时，这些知识也可能更有价值，如果分享该知识不但会影响员工自身的价值，也会耗费时间和精力。正是由于知识的复杂性，如果分享者给出一部分答案，也是可以被知识请求者接受的，不会影响双方的人际关系，因此知识越复杂，员工越有可能采取知识隐藏策略
任务相关性	所请求的知识与任务的关联程度也会影响知识隐藏行为。员工通常不会隐藏与工作任务相关的知识，因为很难给出隐藏知识的理由，毕竟与工作内容有关，如果不能回答被认为是能力不足，或是没有履行自己的工作职责，这对他们的评价会造成负面影响，因此所请求的知识与工作任务越相关，员工对其隐藏的可能性越小

表 3–5　影响知识隐藏的组织环境因素

组织环境因素	内容
组织内部的知识共享氛围	如果一个组织有更强的知识分享氛围，个体就会有更强的知识分享意愿，在面对同事的知识请求时更倾向于知识共享而不是隐藏。管理者需要去采取管理实践措施来改变组织的知识分享氛围，因此，知识分享氛围越浓厚，员工采取知识隐藏的概率越低
不信任关系	知识隐藏发生在个体之间，所以组织内人际关系的性质会对其产生影响。如果组织内部人际之间充满不信任，出于对自身利益的考虑，知识拥有者更倾向于采取知识隐藏行为

第四章　研究变量及理论基础

一、知识心理所有权

（一）知识心理所有权的定义和产生路径

心理所有权是个体感觉到目标或目标的一部分好像是自己的一种心理状态，反映了个体对目标在意识上的占有，即一个人为目标发展出占有欲的心理拥有行为（Van Dyne & Pierce, 2004）。目标在心理所有权文献中所指范围很广，比如可以是观点，也可以是新的产品等，这些目标有有形的也有无形的。

Pierce, Kostova, & Dirks（2001）将心理所有权描述为一种认知和情感因素的态度。认知状态的心理所有权使个体感觉到所有感，能够反映个体对目标物的意识、思想以及信念。他们检查了某些突出所有权和占有感的短语，例如“这是我的书”，包括了基于情感判断的认知和情感因素。Pierce 等（2001）基于动机和概念核心区分心理所有权与其他类似的结构。他们认为心理所有权满足三个基本要求：“家”（归属感）、功效（在特定领域具有感知的能力）和自我认同（自我意识）。当员工经历心理所有权时，他们通常会满足这些基本条件。因此，知识型组织员工比较容易对知识产生属于“我的”心理感知，即知识的心理所有权。

Pierce 等（2001）认为：一是员工基于交换原则认为自身知识属于组织所有，组织通过支付相应的薪酬和福利来换取员工的知识资产；二是组织往往具有这样的基本规范，组织对员工的劳动成果具有所有权。

在管理学实践中，知识心理所有权对组织活动的影响既有积极作用，也有消极作用。一方面，心理所有权会提高个体承担组织责任的行为，如组织公民行为等；当员工对组织的投入程度增加，心理所有权通过促进个体的责任和满意度，从而有效提升个体和组织的绩效水平。另一方面，心理所有权基于个体对目标物的占有感，想要保持对目标物的控制权和所有权，会对知识分享行为产生抵触或拒绝心理，比如上司不愿授权给员工，同事之间缺乏信任感而不愿分享等行为对组织知识的流动和转移会产生不利影响。

（二）知识心理所有权分类和维度

根据现有文献，对知识心理所有权的分类和内容研究梳理如表 4-1 所示。

表 4-1 知识心理所有权分类

学者	分类	内容
Pierce 等（2009）	个人心理所有权包括对知识的控制、熟悉运用和加强对知识的投资	对个体而言，对于与工作相关的知识，都是由员工学习、管理和创造的，因此他们能很好地控制拥有的知识；员工需要不断运用这些知识，从而解决工作中遇到的问题，完成工作任务，因此，这也使得员工对这些知识的熟悉程度更高。最好，为有效学习、创造和管理知识会持续深化和进一步掌握知识，增大对知识的投入力度
	集体心里所有权目标物属于集体共有“我们的”心理所有权	集体心理所有权强调的是群体共享的一种心理体验，不是仅指个体宣称“目标物 / 对象物属于我们”，而是指群体中每位成员都会产生这种“目标物 / 对象物属于我们”的认知。只有当个体宣称与共享的 集体认知同时发生时才会产生集体心理所有权，进而通过全体成员之间的社会互动强化这种目标物共有的心理状态使其成为集体延续的一部分
Avey 等（2009）	促进性心理所有权	自我效能感、归属感、自我认同以及责任感，对个体行为态度有积极促进提高的作用
	防御性心理所有权	指个体感知到拥有目标面临外部损失威胁时而产生的防御性心理

本文采用基于个体层面归属不同的划分法，将知识所有权感知分为个人所有权感知和组织所有权感知。个人所有权感知是指个体认为知识属于个人独有，这是“我的”；组织所有权感知是指个体认为知识同时属于个体与组织共有，这是“我们的”。

二、领地行为

（一）领地行为的定义

对人类领地行为的研究大多局限于物理空间。研究人员通过观察并研究动物的领地意识，重点关注了动物地域行为的生物根源和进化意义（Brown，1987）。实际上，研究者们首先在动物行为的研究中发现了领地行为（Edney，1974）。从 20 世纪 80 年代中期开始，领地行为的研究方向和重点发生了重大的转变，当时的学者们开始认为人类的领地行为有助于减少暴力、侵略和通过公开管理的方式服务于组织行为。Brown 等（2005）阐述并系统总结了适用于组织行为的领地行为理论。关于领地行为的研究有多种定义，包括：①对领土的依附和组织；②对领地的占领和防御。目前的研究中使用了领地行为的定义，将这两方面结合起来，并将潜在的研究重点扩展到物理空间之外，更重要的领地应该是非物理对象。Brown 等（2005）拓展了领地行为的边界条件，将其定义为个体对某物理或社会对象的心理占有时的行为表达（Brown et al.，2005）。

彭贺（2012）指出 Brown 等对领地性的研究具有开拓性，但是把领地性局限在“行为表达”的处理方法上将领地行为方法的内涵和外延狭窄化了，并提出了领地行为的定义：①领地是指个体或者群体对对象物感觉有一定的控制权。领地范围十分宽泛，包括物理的和社会的；可见的不可见的；想法、知识、信息等都可以成为领地。②领地行为是指个体或群体把目标物作为领地的一种心理倾向，并指出存在领地认知、领地情感和领地保护意图三个维度。领地认知指的是所有者对谁应该进入这个领地，是否允许对方在其领地内活动的权利。领地情感指的是个体或群体与领地之间的情感连接，包括维护领地完整的主权意识和领地遭到侵犯时引起的消极情绪。领地保护意图指的是个体或群体通过向外界宣示领地所有权，并免受其他个体或群体侵犯的表现。③领地行为指的是个体或群体从事各种与领地控制权有关的活动，通过主张、确认以及强化等方式确定对领地的所有权。领地行为的主要作用是调整个体领地范围和确定与他人领地的边界。个体或群体通过领地行为向外界表明自己的占有范围，确定自己和别人之间的边界。

组织中领地行为具有以下四个特征：一是社会性。领地行为不仅是表达个体对目标物的所有权（例如，这是我的书），更是为了显示自己和他人与目标物的关系不同（例如，书是我的，不是你的）。二是排他性，领地行为会排斥他人对领地的侵占。三是广泛性，包括工作的空间、想法和知识等。四是多样性。领地行为包括多种表现形式。例如，从在自己文件上做记号到专利和知识的所有权归属都属于领地行为（彭贺，2012）。

（二）领地行为的分类

Brown 等（2005）研究将领地行为分为标记行为和防卫行为。标记行为是指组织成员对某个目标物宣示所有权的行为，包括身份导向标记行为（Identity-oriented Marking）和控制导向标记行为（Control-oriented Marking）。身份导向标记行为是指个体有意通过装饰目标物周围的环境来反映所有者身份的行为。

控制导向标记行为是指个体通过与他人交流或沟通，宣告这是自己的领地，从而阻止他人侵占、使用和破坏领地。这种标记行为表明：此领地已经为本人所拥有，从而达到阻止他人进入、使用或者破坏领地的目的。

防卫行为的主要功能是维持领地现状和重新确定领地边界，包括预防性防卫（Anticipatory Defending）和反应性防卫（Reactionary Defending）。预防性防卫发生在领地受到侵犯之前，主要依赖建立一些明显的、富有弹性的边界来作为双方冲突或侵犯的缓冲地带进行防卫，以防止他人入侵领地，例如给特定的文件夹设置密码，在自己的办公区域摆放喜欢的花草。反应性防卫行为发生在领地受到侵犯之后，可以再次主张领地所有权和防止下一次侵犯（彭贺，2012）。知识领地行为分类如表 4-2 所示。

表 4-2 知识领地行为分类

名称	基本类型	行为目的	举例
知识领地行为	身份导向标记行为	建构知识领地	展示获得的奖项、学历等以显示自己的专业
	控制导向标记行为	宣示知识领地	为自己的领地创建物理边界，宣称自己具有掌握某种技术的能力
	预防性防卫	维系知识领地	将资料放进抽屉中，电子文档加密
	反应性防卫	重新主张知识领地	在未经自己允许的情况下，对于被人打开文件或电子文档的行为产生的负面情绪或积极反应，如抱怨和生气

（三）领地行为的影响因素研究

（1）心理所有权。通过对现有文献对领地行为影响因素研究整理发现其对心理所有权的关注比较多。Pierce 等（2003）的研究指出，心理所有权与领地行为的关系体现在三个方面：一是心理所有权的核心是对目标物的心理所有感，伴随着强烈的“我的”情绪状态，进而把目标物作为自己的领地来对待；二是心理所有权反映了个体与目标物之间的一种紧密关系，个体也是对目标物宣示为自己的领地而防止他人的侵犯或掠夺；三是构成心理所有权和领地行为的有外在和内在的因素，包括外界环境影响和内在心理作用。个体通过对目标物的心理意识才能体验到强烈的领地行为，并且通过心理所有权对个体的领地行为产生影响。个体心理所有权越强烈，就越能满足领地行为，而领地行为是通过标记向他人表明自己的领地与防范他人侵犯自己的领地。

（2）人口统计学。黄海艳 & 李乾文（2014）也指出：男性比女性更容易产生领地行为，女性在身份导向标记、控制导向标记与预期性防卫维度方面比男性得分高，但在反应性防卫上低于男性。在职级方面，在身份导向标记方面基层人员比中层管理人员得分高，在预期性防卫和反应性防卫方面中层管理人员比基层员工得分高；年龄是员工在领地行为上产生显著差异的影响因素。

（3）从经济学角度考虑。组织成员花费很多时间和精力积累经验和技能，将其视为自己的领地，更愿意保持领地完整进而不愿意分享给他人。隐性知识不能通过常规途径进行共享更依赖于个人的分享意愿。

心理所有权与领地行为具有显著差异，如下所述：

心理所有权是对特定目标物心理拥有相关联的感知。Brown（2005）等认为，心理所有权是组织内领地行为的重要预测变量，心理所有权是组织内领地行为的心理学基础。储小平 & 杨肖锋（2011）将领地行为分为注重领地性的认知或意识和注重领地性的行为表达。彭贺（2012）指出领地行为是对目标物的一种心理倾向，个体或群体从事与领地控制权有关的一系列活动。分为领地认知、领地情感和领地行为意向三个维度。

心理所有权是指对对象物的占有欲和依附程度。领地行为通常是来自心理所有权的行为或行动，用于构建、维护和恢复个体对对象物的依附。心理所有权是一种心理状态，而领地行为是一种社会行为。

首先，领地行为涉及社会行为来自特定社会背景下的心理所有权。领地行为不仅仅是对对象物在一定形式下的依附（例如，“我喜欢这本书”）；相反，它集中关注在社交环境中建立和维护与该对象的关系（例如，“这是我的书，而不是你的书”）。

其次，领地行为反映了在特定社会背景下宣示和保护对象物的社会意义。只有当个体在一个社会环境中公开宣示并保护一种对象物归他 / 她自己所有时，这种对象物才能变成一种领地。领地可能是有形的，如财产和物理空间等，也可能是无形的，比如思想、责任和角色等。领地行为通过探索来自员工心理所有权的感觉，增强了心理所有权对员工行为的解释力，为心理所有权领域的研究做了补充。

（四）知识领地行为

对于知识所有者来说，知识的价值体现在工作过程中，通过工作结果或绩效对知识价值进行衡量。在知识的传递过程中还会产生各种损失或成本，包括时间成本和知识分享后带来自身地位在组织内降低等。在组织没有对知识分享行为进行补偿的情况下，员工几乎没有知识转移的意愿和动机，这种员工对知识的独占感称为知识领地行为（储小平和杨肖锋，2011）。

Nonaka & Peltokorpi（2006）研究指出，知识兼具公共物品和私人物品的商品属性，代表了一种组织规范。在工作场所中，知识工具属性体现在嵌入知识的个体往往会将知识作为自己所拥有并且能提升自己在组织中地位的重要工具。在这种占有欲的动机条件下，个体会表现出保护自己的知识、提出更高的待遇或荣誉等要求。员工在面对有利于自己的知识时会表现出占有倾向，其本质是知识领地行为的一种表现。

知识领地行为的作用机制表述如下：

组织能够有效实施知识管理的前提条件是员工之间的知识共享，很多研究表明有效的知识共享对组织创新能力及绩效的提升等有显著的预测作用。实际上，很多组织中都有无法有效地实现知识共享和转移的问题。知识作为个体所拥有的无形资产，只有当员工具有知识共享或转移的意愿时，知识才有可能在组织成员之间流动或传播，但是员工的知识领地行为往往会阻碍知识的共享意图从而使知识无法进行有效转移。

先前的研究从组织文化、激励体系和人际关系等角度进行了研究。从经济学视角出发，组织中的个人是有限理性的，在与他人交换知识过程中会计算成本和收益，另外，人们也会追求非货币性资源，例如同事尊敬、人际关系良好和组织投入等。员工做出知识共享或隐藏决策是一个复杂的博弈过程，适当的激励或引导可以有效减少或避免员工选择知识隐藏，员工在对利害得失进行相关的收益估算后会选择是否采取知识领地行为。因此，组织的物质或精神方面的有效激励措施对于组织成员是否产生知识领地行为具有重要影响。

当员工认为组织给予的物质或精神奖励超过自己所掌握知识所带来的净收益时，可能突破知识领地的边界，向组织或组织成员共享其领地内的知识。Brown 等（2005）的研究指出，如果成员将领地视为由组织集体共同所有，就会大大减少其采取领地行为的可能性；如果员工认为组织给予的物质及非物质奖励小于自己拥有知识产生净收益时，会增加采取保护知识领地行为的可能性。另外，不良的员工—组织关系会导致员工无法通过知识交换得到奖励，将进一步加剧员工的知识领地行为，致使员工与组织之间的知识资源交换失败。组织对员工分享知识的行为给予物质或非物质奖励及支持与员工是否愿意突破知识领地边界形成了一种持续的动态博弈。因此，为了减少员工的知识领地行为，实现组织内部核心知识资源高效流动和充分利用，组织需致力于建立良好的员工与组织关系，并为员工提供具有吸引力的物质奖励和精神支持，从而实现员工掌握的知识与组织支持之间的良好互动。

三、组织政治知觉

（一）组织政治

组织政治的重要性在于其潜在的后果会对工作结果产生影响。一些学者认为政治行为经常干扰正常的组织运作（例如，晋升、奖励和做出决策等），并可能损害个人和组织层面的绩效；组织政治对员工的工作态度和对压力的反应有负面影响（Drory，1993）。然而，有研究表明组织政治能增强撤回离职的意图（Bozeman，Perrewe Hochwarter，Kacmar，& Brymer，1996）。很多学者对组织政治行为进行研究，具体如表 4-3 所示。

表 4-3　组织政治行为的概念

学者	观点
Burns（1961）	首次提出组织政治的概念，认为组织政治是个人为了得到更多的影响力、权力以及舒适环境而利用组织资源、破坏组织内部竞争公平性的行为
Mayes & Allen（1977）	指出政治行为是在组织中想要以获取利益为目的的一种动态影响过程，通过政治行为得到额外的产出结果，或是一种影响现有组织管理程序而获得不被组织允许的结果
Ferris 等（1989）	组织政治是个人、团体和组织致力于追求自我利益的活动，而组织成员对于这些活动的直觉评价和主管经验就构成了组织成员在组织中的政治。组织政治知觉与组织政治是两个不同层次的概念
Ferris 等（1991）	认为组织政治行为是一种社会影响过程，其行为是经过精心设计以获取最大的个人利益，而其结果可能与他人利益一致，也可能需要牺牲别人的利益以成就自己的利益
Gloria Harrell-Cook（2014）	组织政治行为是个人借助对权力及资源的获得，以便在不稳定的环境中，获得自己想要得到的结果
Christopher 等（2019）	组织政治行为是一种社会影响的过程（social influence process），其行为是经过精心设计的，以获得最大的个人利益

综上所述，组织政治通常被定义为战略性设计的行为，以谋取自身利益最大化为目标，并且与集体组织目标或其他个人的利益相矛盾。这种观点反映了大多数组织成员对组织政治的负面看法。这种组织行为经常与操纵、诽谤和滥用权力以达到某个目标的非法方式相关联。组织政治行为是利己主义行为，其潜在的目的是不能公开的，只能暗箱操作，甚至还会损害其他人的利益。

（二）组织政治知觉的内涵

针对组织政治知觉的定义，学者们也是有分歧的。Hochwarter, Witt , Kacmar（2000）将组织政治知觉定义为：个人、群体已经组织各自致力于追求自我利益最大化的活动，组织成员对于这些活动的认知评价与主管经验，而组织成员对于这些活动的认知评价与主观经验，就是员工的组织政治知觉。Ferris & Kacmar（1992）认为组织政治知觉是由上级、同事和组织政策与实务等行为所引起的组织成员的认识。组织政治知觉是指组织成员对组织政治行为的主观感觉，它可能真实地反映组织内容的政治行为，也可能是员工基于自己立场的判断（Christopher Paul & Rosalie, 2006）。

综合以上研究的观点，组织政治行为是组织成员为增进和维护自身利益，直接或间接地运用本身具有的资源实现自己利益最大化；组织政治知觉是指组织成员组织内部政治行为的主观感受（孙汉银，2004）。

Kacmar & Ferris（1991）指出组织政治知觉有三个构成要素：①一般政治行为，包括以自私行为方式行动以获得有价值结果的个人行为。Kacmar & Ferris（1993）的研究指出，当规则和条例不能有效地管理组织运行时，组织中的政治行为将会增加。②保持沉默静待好处。其中包括个人缺乏有效的行为（例如，保持沉默）以确保有价值的结果。Drory & Romm（1988）的研究指出，文献中的组织内冲突始终与组织政治有关。这种联系的实质是政治行为是自私的，有可能威胁到他人的自身利益，当威胁随后遭到报复时，双方就会产生冲突，冲突的存在是组织政治的必要基本要素。③政治性薪酬和晋升政策。这涉及组织通过其制定的政策在政治上的表现。这一类组织政治与组织如何通过政策实施奖励和延续政治行为有关（Kacmar & Ferris, 1993）。

Ferris & Kacmar（1992）认为，在组织成员看来，组织中政治知觉越高，正义、公平和公正认知就会越低。Ferris 等（1989）提出了组织政治知觉的新构念，对组织政治这一客观现象的研究转为对于主观感知的研究。由于主观感知比具有隐秘性的实际行为更容易测量，并且组织政治知觉对员工的态度和行为的影响大于实际组织政治行为。目前对组织政治知觉的定义大部分都是以 Ferris 等的观点为依据，因此，一般认为组织政治知觉是组织成员对于组织中存在的政治行为的主观感知。

（三）组织政治知觉模型

组织政治知觉研究主要以 Ferris 等（1989）提出组织政治知觉模型为基础，组织政治行为对组织的影响决定员工的认知。组织政治知觉模型如图 4-1 所示。

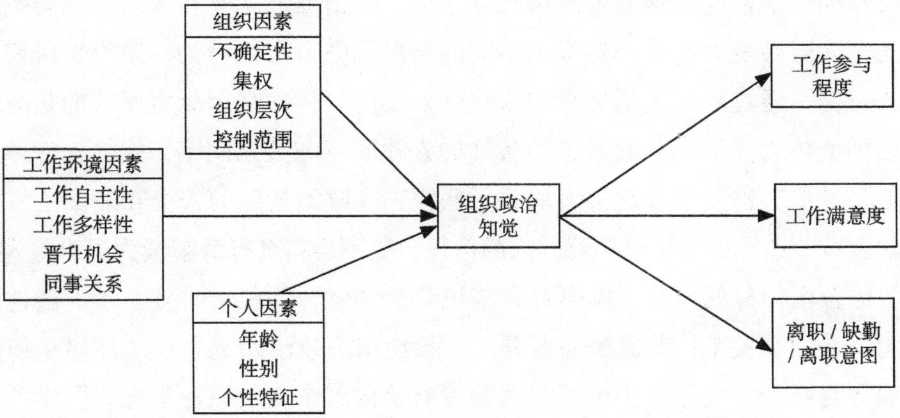

图 4-1　组织政治知觉模型

组织政治知觉的结构如下所述：

在前人研究成果的基础上，从 20 世纪 80 年代末开始，有些学者开始探索对组织政治知觉测量工具的开发。组织政治知觉的构成如表 4-4 所示。

表 4-4　组织政治知觉的构成

学者	测量工具 / 维度	内容
Ferris & Kacmar（1991,1992）	31 项量表由 3 个维度组成	同事关系和小团体行为、组织政策和实践及主管行为
	40 个项目有 5 个维度组成	同事关系、一般政治行为、组织政策及实践、薪酬和晋升以及自利行为
	12 项量表由 3 个维度组成	一般政治行为、组织政策与实践和薪酬与晋升
Nye & Witt（1993）	重新考察了 12 项量表，分为 3 个维度	同事关系、优势群体行为和薪酬
Fedor，Ferris，Harrell，& Russ（1998）	重新考察 31 项量，表发现 5 个维度能够更好地拟合数据	优势个人或群体、薪酬、信息歪曲、印象管理、薪酬及晋升政策模糊
Ferris 等（1991）	五维度结构	保持沉默，静待好处、自我服务行为、同事间的关系、小团体、薪酬与升迁政策
	新的五维度结构	一般政治行为、保持沉默，静待好处行为、同事的行为、上级的行为、薪酬与晋升政策的行为
Ferris & Kacmar（1992）	三维度结构	上级的行为、同事与小团体行为、政策与实务差距
马超，凌文辁，方俐洛（2006）	基于国内的文化情景，编制适合中国情境的组织政治知觉量表时分为 3 个维度	自利行为、同事关系、薪酬与晋升

Ferris 等（2005）认为组织政治技能有社会机敏性（social astuteness）、人际影响力（interpersonal influence）、交际能力（networking ability）和外显真诚（apparent sincerity）四个维度。高社会机敏性的个体是敏锐的观察者，在与他人打交道时，他们能够准确地理解社会互动，并精准地观察和解释自己与他人的行为；人际影响力允许个体根据不同的情况调整自己的行为，来引发所期望的他人行为，通过对他人施加影响来达到自己的目标；交际能力反映的是高政治技能的个体善于识别和发展各种各样的人际联系与关系网络，能够较好地应对和处理冲突，进而建立起强大的关系联盟；高政治技能的人会在表面上看上去非常真诚，这样更容易得到周围人的信任，更不会将其行为解读为操纵他人。

结合国内外的研究，本研究将组织政治知觉分为三个维度：①一般性政治知觉；②同事关系；③薪酬与晋升。一般性组织政治知觉是指个体对组织成员以服务自我的方式在组织中获得利益或有价值的产出的政治知觉；同事关系是指组织中同事之间以获得最大利益为目的的利益交换行为的政治知觉；薪酬与晋升是指个体对于组织在薪酬与晋升上的实际操作与制度上不一致行为的政治知觉。

四、社会地位

（一）社会地位的定义

社会地位（social status）既包括个人的物资资源，也包括个人在社会等级中感受到的等级。一些研究表明与客观社会经济地位相较，主观社会经济地位表现出与某些心理倾向更加稳定和强烈的关系，如与健康有关的因素、消极情绪等（Adler et al., 2000）。因为社会地位较高和较低的个体可能会有不同的认知思维方式，个体看待问题和做出决策的方式也会有所不同。

社会地位高的个体拥有更多收入，得到高等教育和进入高端社会机构的机会更多，他们掌握的资源丰富，能体验到更多的积极情绪，主观幸福感更高，因此他们会得到更多的积极信息和结果。反之，社会地位较低的个体拥有较少的经济资源，得到较少的教育，在组织中由于自身条件受限晋升的机会也较少，面对资源短缺的情况，社会地位较低的群体感受到更多的压力和威胁，体验到更多的消极情绪，因此他们会面对更多的消极信息和结果。

组织中成员的社会地位不仅是必要的，而且也是非常重要的。地位会给个人带来很多重要的隐性或显性的收获。研究认为，个人在团队 / 组织中的社会地位会影响到个人的福利、激励和社会认同（Adler et al.，2000）。

社会地位产生的基础是社会等级和个体对资源控制能力的不均衡。社会等级是指一个或多个与该群体相关的社会维度对一组个体进行一致且普遍的分类或排名（Mattan，Kubota，& Cloutier，2017）。社会等级制度在日常生活中无处不在，对我们如何看待他人产生了深远的影响。个体会通过在一个或多个维度上改善或转移对等级的关注来获得更高的地位（例如，胜任力和经济条件等）。虽然社会地位因不同的组织或团队而异，但学者倾向于三个主要组成部分：①地位涉及不对称的关注，较高层次的人比较低层次的人更容易受到关注（Fiske，1993），因此，地位较高的成员更为突出，被关注和接受更多的工作安排。②地位涉及不同程度的尊重和自尊，因为地位高的成员更容易受到尊重并获得更高的回报。③地位会在组织中产生不同程度的影响，地位较高的成员可以更多地控制组织决策的过程。因此，组织中的社会地位较高的成员会受到更多的关注和尊重。

根据社会交换理论和社会困境的文献，本研究探讨了地位高的员工比地位低的员工在知识隐藏对员工创造力和关系伤害之间的关系更明显。社会地位指的是一个人的荣誉、声望和影响所体现的社会地位，这取决于他 / 她拥有可以在特性社会情境中实现目标的能力。社会地位也可以体现在个体可以通过牺牲自己的资源来增强团体绩效的能力和行为（Anderson & Kennedy，2012）。

（二）文化因素对社会地位的影响

在不同的文化背景下，个体表现出不同的自我认知、行为决策、归因方式等。在西方以个体为中心的文化情境中，人们倾向以自由、独立和个人成就等为中心，他们倾向于关注个人成就和抱负。为了把自己和别人区别开，他们更关注自我的积极特征和信息中的潜在收益，因而他们对积极信息更加敏感和关注。

在集体主义文化下，人们普遍的价值取向为尊敬长辈、服从权威等。个人倾向于根据他们的关系和群体成员特点来确定自己在组织中的地位，他们积极地融入自己的组织，并倾向于关注自己对他人的责任和义务，同时尽量避免可能对组织不利或让领导失望的行为。为了处理好人际关系，他们会改进自己的不足之处使自己顺利融入组织或社会环境，因此，他们对关于自己的消极和不利信息非常敏感并高度关注。

社会等级的跨文化研究表明，社会等级较高的个体倾向表现出在文化背景下占主导地位的心理倾向。有研究发现在日本，个体的社会地位越高，就会对他人导向的品质（如责任感、尊重他人等）表现出更强的认同和接受，这种现象可以推广至其他受儒家文化影响较深的国家；而美国此现象有减弱的倾向，在美国被分配到领导者角色的个体表现出更多的独立于情境的认识风格，这与个体主义文化有关。相反，日本人受集体主义文化影响，因此领导角色和追随者角色都表现出情境依赖的认知风格。

Zeng & Greenfield（2015）研究得出权力更多地建立在责任之上，并会考虑自己的行为如何引导和影响他人。在中国文化背景下，主观社会地位高的个体会倾向于更认同集体主义价值观，个体重视责任、付出、人际关系和服从上级等价值观，在生活中总会避免消极后果，因而对消极信息高度敏感。

在以集体主义为导向的国家或组织中，主观社会地位越高，就会表现出更多的自我导向，强调以身作则。在东亚国家发展进程中，儒家文化强调集体主义和传统性并且一直占据主导地位，个体主义倾向并没有因为全球化进程而占据主导地位。在以集体主义为主的东亚国家，个体主义倾向有逐渐增多的趋势，但是集体主义文化的规范和价值观仍然存在。有研究表明，在日本，个体倾向主义越高，拥有的亲密朋友越少，主观幸福感越低，而美国个体则没有此种感受（Noguchi，2007）。

（三）社会地位的维度

目前的研究综述，探索了多个社会维度，以研究人类等级的地位。根据进化论和一些对动物研究的文献，Cheng & Tracy（2014）提出了两种人类地位获得的主要途径：支配地位和声望。他们认为，支配地位和声望相关行为是获取人类社会地位的独立途径。个体可能会采用基于声望的途径来表现出比同龄人有更强的胜任力；也可能采用基于支配地位的途径专注其他方面，例如锻炼身体。然而，支配地位和声望也可以被视为传达地位的不同社会维度（Case & Maner，2014），每个维度都有自己的感知 / 基于知识的前因和对社会认知的影响。

一个途径是支配地位。支配行为可以采取基于恐惧和令人害怕的强制形式，以达到或维持等级和影响力，其中下属个人有义务遵从地位较高的人的命令或者听凭其派遣。在社会生活中，地位可以基于优势的二元社会关系中观察到，例如欺凌者与受害者、老板与雇员等，这种现象存在于较大的社会结构和群体中。

处于支配地位的人通常会让下属产生心理上的恐惧，例如，那些拥有正式权力的人（雇主）可以职权威胁下属或解雇下属，从而引起下属的恐惧。虽然占据主导地位的个人可能很少通过明显的制裁或暴力来惩罚下属，但是通过威胁或操纵行为可能有助于激发下属的服从行为（Maner & Mead, 2010）。例如，如果下属不符合任务标准，那么占据主导地位的领导者可能会威胁他 / 她要减薪。根据以上研究，一些学者提出了两种支配形式：以物理恐吓行为为特征的积极支配形式，以及对社会支配的概念化，即对资源或结果的操纵控制（Magee & Galinsky, 2008）。

声望也是指向社会地位的一种途径。与通过身体强大和社会恐吓所赋予的支配地位相反，可以通过技能和能力的示范来实现声望地位。与恐吓有关的支配地位不同，声望是个体引起技能、成就或具备知识或经验而受到认可和尊重的个人影响力（Henrich & Gil-White, 2001）。个体在模仿或学习技能或知识的过程中，往往会寻求有声望人的意见。在这个过程中享有声望的个体被赋予了影响力和地位，而不是通过强迫其他人获得社会地位。基于声望的社会地位被认为是人类社会独有的，因为它依赖于文化学习。向技术熟练的成员学习是获取适应性知识的一种低成本方法，因此，人类早期进化史中文化学习的兴起可能会产生选择压力，以优先识别关注高技能或成功的知识（Cheng & Tracy, 2014）。下属被认为直接或间接地受益于有声望的个人能力或给予的帮助。在社会发展进程中，提升知名人士的社会地位被认为是为了促进知识和商品更迅速地转移和积累，增强了群体的包容性。由于声望取决于技能和知识的评估和传播，因此它被认为是人类社会中特有的一种特征（Cheng & Tracy, 2014）。

Kafashan 等（2014）认为社会地位根据获得方式可分为两类：先赋性地位（ascribed status）和自致性地位（achieved status）。先赋性地位是指一个人出生后自然获得的社会地位，包括性别、年龄、家庭关系等与家庭背景有较强的关联性，个人没有选择的自主性。自致性地位主要与个人教育程度、职业经历、人际关系等因素有关，与个人的主动选择有很大关系。在社会学研究领域，继承和社会流动分别对应先赋性地位和自致性地位，是社会地位的主要来源。在封闭性或者传统型组织中，社会地位主要依靠继承或资历得来，在开放型或现代型组织中，社会地位则越来越多地依靠自我努力和选择获得，有效地实现了社会地位的流动。

五、创造力

（一）创造力的定义

在组织中，一般鼓励员工创新并为工作中的相关问题开发创造性的解决方案，以提高他们的工作效率。此外，高水平的创造力被视为在竞争中获得优势的一种有效方式。提出新的、更好的做事方法是创造力的本质。员工的创造力是指在新的服务、产品、组织流程和制造方法等方面产生新的和潜在有价值的想法，有助于组织在动荡和激烈的竞争环境中更好地生存和发展（Amabile，1988）。创造力是业绩的一个独立维度，它指的是远程和新颖的作品，强调新的和原创的想法的产生（Van Dyne，Jehn，& Cummings，2002）。创造力是与产品、服务、流程相关的新颖（Novel）与有用（Useful）的创意的产生，并且常常作为一个一维的变量来加以研究。创造力作为日常例行工作的替代方式，鼓励个人参与创造性行动并产生创造性成果。

（二）创造力的类型及其形成机制

创造力通常被视为创新的第一阶段，创造性的想法可以从微小的改进直至形成突破性的进展。根据 Madjar，Greenberg，& Chen（2011）的研究，创造力被分成两种类型：突破式和渐进式。其中突破性创造力是指与组织现有实践或做法完全不同的新想法或新点子，例如，史蒂夫·乔布斯带领苹果公司开发出智能手机 iPhone，完全不同于市场上流行的功能机，乔布斯提出了一种全新的方式来推广一种与既定做法不同的新型手机。渐进式创造力则是对现有框架体系进行少量的改变或对组织现有做法和产品提供了较小程度的修正的想法。例如，在现有款式的鞋子上增添一些装饰，变成新的款式。本研究的目的不是建议一种类型的创造力比另一种类型更好或不好，突破创造力并不比渐进创造力更好或者更有价值，创新的创作风格并不比目前的创作风格更重要。例如，将渐进创造力应用于将印刷的广告内容转移到在线方式可以有效地增加利润，通过突破创造力改变广告内容可以吸引完全不同风格的受众，关键在于广告受众如何定位。Litchfield（2008）指出新颖性（novelty）和不实用（impractically）是突破性创造力的本质属性，而有用性（usefulness）和实用性（practicality）

则是渐进性创造力的主要特征。Gilson & Madjar（2011）认为渐进性创造力侧重于改进（modification），因而可以带来稳定的预期和回报，而突破性创造力偏重于改变（change），因而具有更高的风险性和不确定性。

为了提出新颖和有创造性的想法，个人必须利用来自多个来源的想法和观点来拓宽他/她的知识范围。个体可以通过与他人的互动，接收和消化他人不同的观点和其他形式的专业知识来产生新的想法。然而，如果个体的专业知识与他/她的同事的专业知识差别很大，他/她很难理解同事，更别提利用现有的知识和专长来增强个人创造力了（Tortoriello，Reagans，& McEvily，2012）。一个想法或者创造性的结果可以分为渐进或突破两种，有学者认为这两种方式可以相互促进或转换。例如，对于广告内容设计，一系列渐进的想法和变化（使颜色更亮，改变目标受众）最终可能产生更具创造力的广告方案。

Deci & Ryan（2000）指出创新行为的产生源于两个基本的原因，即内在驱动（internal drive）与外在需要（external demands）。内在驱动是指个体因对所从事的工作本身有偏好、激情等而努力；外在需要是指个体为了从工作中获得期望的结果而付出努力。当个体受内在因素驱动时，他们常常为做出成就而寻找新的解决问题的方法，对工作充满兴趣和热爱；反之，当个体受外部因素驱动时，其常常为满足外部要求而不去改进现有的方法，更加倾向于适应环境（Grant & Berry，2011）。根据以上研究可知，当员工更多的是基于对工作本身的兴趣（内在动机）时，会开展高风险、不确定的突破性的创造性活动。反之，员工选择风险低、渐进性的创新性活动功利性的外部动机可能是主要的影响因素。综合分析发现，来自工作本身的内在动机是突破性创造力的主要诱因，源于结果期望的外在动机是渐进性创造力的驱动力。

（三）员工创造力的影响因素

员工创造力研究主要采用个体特征、组织情境和个体—情境交互三种视角。有学者认为员工创造需要同时考虑个体特征和情境特征之间的交互作用，并对此进行了积极的研究（Zhou & George，2001）。

1. 个体因素

（1）创新自我效能感。Tierney & Farmer（2002）的研究指出，具有较高水平创新自我效能感的员工会更富有创造力。在对140名研发人员的研究中进一步发现，主管通过支持员工创新的行为使其感受到上级或组织对其创新的期望，员工会表现出更高水平的创新自我效能感（Tierney & Farmer，2011）。

（2）积极和消极情感。Amabile 等（2005）的纵向研究探索了工作中情感对创造力的影响，员工的积极情感对创造力有积极的影响，可以对第二天的创造性思维发挥预测作用。Zhou & Shalley（2010）认为情绪对于个体创造力的复杂作用是未来创造力研究的主要方向之一，积极和消极情感对创造力的影响机理不同，情感既是影响创造力的一个前因变量，也可以是组织情境因素对员工创造力影响的中间变量。顾远东，周文莉和彭纪生（2014）在中国文化背景下的研究发现，积极情感对研发人员创新行为有积极影响。

（3）内在动机。内在动机是指组织成员因为工作本身而努力工作，而不是外部因素的作用。Shin & Zhou（2003）认为员工的内在动机对创造力具有积极影响，变革型领导对员工创造力影响关系中的内在动机具有中介作用，变革型领导对下属的创新支持和个性化关怀使其对完成工作本身更有积极性，从而表现出更高水平的创造力。裴瑞敏，李虹和高艳玲（2013）以中国科技人员为研究对象，指出在中国文化情境下，内在动机高的科技人员会表现出更强的创造力，更能取得创造性的成就，内在动机在领导风格和科研团队成员创造力之间具有中介作用。

（4）目标取向。目标取向分为学习取向和绩效取向。学习取向强调掌握新的技能，获取新的知识；而绩效取向是向他人展示自己的能力或回避不足（Dweck & Leggett，1988）。由于研究采用目标取向不同，所以它对创造力的影响比较复杂。一般研究认为，学习取向对创造力有正向预测作用（Gong，Huang，& Farth，2009），也有实证研究得出相反的观点，Hirst，Van Knippenberg，Chen，& Sacramento（2011）研究发现学习取向对员工创造力的影响效果并不显著。此外，关于绩效取向对创造力影响的结论也不一致。绩效趋近取向与创新工作绩效相关不显著，在团队学习行为高的情况下，绩效证明取向会对创造力产生积极影响，并且绩效回避取向与创造力负相关（Hirst，Van Knippenberg，& Zhou，2009）。

2. 情境因素

（1）工作特征。

对员工创造力产生重要影响的工作特征包括时间压力、工作复杂性和社会支持等。Oldham & Cummings（1996）研究指出，工作复杂性和社会支持有助于激发个体的内在动机，从而对创造力产生积极影响，而高强度的时间压力会阻碍创造力。Ohly & Fritz（2010）通过经验抽样法开展的研究进一步指出，长时间的压力和工作控制分别通过日常时间压力和日常工作控制对员工日常的创造力产生积极作用。一般来说，具有一定挑战性的工作往往容易使员工产生创造力。

社会支持主要分为工作支持（主要指组织、上级和同事支持）和非工作支持（主要指家庭和朋友支持）两种。Amabile 等（1996）研究指出组织、上级和同事的支持有助于提升员工的创造力。Madjar 等（2002）的研究指出，除了来自主管和同事的工作支持以外，来自家庭和朋友的非工作支持也对员工的创新绩效有促进作用。王永丽、张智宇、何颖（2012）基于中国文化背景的研究指出，工作—家庭支持包括工作领域支持（组织支持和领导支持）和家庭领域支持（情感支持和工具性支持），工作投入在工作领域支持对员工创造力影响过程中具有中介效果，家庭领域支持与创造力的相关性不显著。

（2）外部奖励。

有一些学者根据习得性努力理论（Learned Industriousness Theory）关注奖励对创造力的影响，研究认为适当的奖励可以被视为对员工能力的认证，有助于提升员工的创造力（Eisenberger & Shanock，2003）。张勇 & 龙立荣（2013）指出薪酬绩效与创造力之间呈现倒“U”形关系，而不是简单的线性关系。

（3）领导因素。

主管领导的风格和方式会通过多种途径对员工的创造力产生影响。组织领导可以通过支持员工创新行为表现出对员工的赞许和期望，员工感受到这种信息后，他们会进一步增强创新自我效能感，进而产生更高的创造力（Tierney & Farmer，2004）。Tierney & Farmer（2011）通过纵向研究发现，当员工感受到领导对创造力有期许时，他们的创新自我效能感会慢慢增强，并且创造力水平也会不断提升。

变革型领导可以通过对员工个性化关怀或组织支持提高员工的内在工作动机，从而对其创造力产生促进作用。刘景江 & 邹慧敏（2013）关注中国情境下的变革型领导对员工创造力产生积极作用，员工心理授权在变革型领导和员工创造力之间有部分中介作用。

另外，员工从上级处获得信息、资源以及支持对个体创造力也会有正向影响。高质量的领导—成员交换关系会影响员工的创造力，掌握取向使得员工与主管建立高质量的交换关系，进而带来较高的创造力水平；绩效取向是以自己的绩效为导向，忽略与同事或上级的关系，导致较低水平的创造力。

3. 交互影响

综上所述，已经有学者对个体因素与情境因素相互作用对个体创造力的影响进行研究。Oldham & Cummings（1996）以 171 名员工为调查对象研究了人格特征、工作复杂性与组织支持对员工创造力的交互作用，在员工的工作复杂且具有挑战性，并且得到上级支持的情境下，员工的创造力处于较高水平。通过 Zhou & George（2001）研究工作不满程度、组织承诺和环境因素对员工创造力的交互影响，可知组织持续承诺是一项充分必要条件，它保证了对工作不满的员工会留在公司并积极工作，所以有可能将不满转变为建言动力，从而改善组织环境。

员工工作经验和工作时间对其创造力的直接影响很小，但是两者与创新时间压力的共同作用会对员工的创造力产生促进影响。有研究以获得足够创新支持并且经验开放性高的员工为调查对象，表明员工创新时间压力体验和创造力之间呈倒“U”形关系。与之相反，更大的创新时间压力并不会对于获得较少支持或开放性较低的员工创造力产生影响。Zhou 等（2009）则发现在社交网络对员工创造力的影响中从众水平具有调节效果，弱联结数量处于中间水平的员工具有更大的创造力，低从众水平员工比高从众水平员工具有更大的创造力。

六、理论基础

（一）知识共享理论

若要对知识型组织成员的知识隐藏行为概念的内涵进行分析，需要进一步对知识共享进行系统的梳理。通过对知识共享研究相关文献的回顾可知，对知识共享的探讨主要基于以下四种视角进行，如表 4-5 所示。

表 4-5　知识共享的研究视角及内容

视角	内容	相关研究
知识转化观	知识是一种客观事物，并可以在不同载体和主体之间进行相互转化，而知识共享就是知识在不同的主体和载体之间相互转化的过程	Nonaka and Takeuchi（1995）指出知识共享的一个重要表征就是显性知识和隐性知识的相互转化。Kolb（2000）从隐性知识视角出发，指出学习是各类主体获取隐性知识的重要途径。魏江和王铜安（2006）基于转化观，从知识的载体互动角度出发，指出知识可以在不同的载体之间流动，并被不同的载体吸收和转化

续表

视角	内容	相关研究
知识学习观	将知识转移看成一种学习的过程，而学习的主体可以是个体员工、群体和团队，甚至是企业或组织等	知识共享是组织学习的过程，知识共享不是知识接受方接受知识的过程，而是其向知识供应方学习的一个重要过程
知识转移观	研究的重点侧重于知识共享主体的知识供给和知识受体的知识吸收等	知识共享就是从一种或体转移到另一种载体的过程。宋建元和陈劲（2005）基于此观点，探讨了知识接受者的知识吸收能力对知识共享效果的影响
知识交易观	在组织内，无论是知识在个体之间的共享，还是在个体与群体或组织之间的互动，都是基于知识的可交易属性展开的	Davenport and Prusak（2010）认为知识是一种可以交易的客观实体。企业可以通过“市场”的形式促使知识的共享。持有该观点的学者在进行知识共享研究时，往往会与信息、互惠等词语相关联

四种知识共享的视角是理解知识共享的重要切入点，而进一步分析可以发现，四种观点由基于知识内容驱动的知识转化观和基于过程驱动的知识转移、学习和交易观两部分构成。

知识共享内涵可以体现在：①知识共享的主体既可以是员工，也可以是团队和组织，具有多元化特征。②知识共享的客体既包含标准化的显性知识，也包含非结构化的隐性知识。③组织内良好的氛围有利于知识共享，如组织对员工知识共享行为的奖励、员工与同事及上级之间良好的人际关系等。④学习是知识共享的重要手段，知识共享还需要知识系统等多方面因素的有效支持。成功的知识共享可以看成多主体、多知识属性、多手段和组织环境的系统协作，只有这四种观念相互作用，知识共享活动才能有效开展和实施。

通过梳理现有文献，既有设计知识共享手段，如IT技术、传播途径、知识管理系统等的研究，也有对知识共享主体特征或情境因素的探索。知识共享主要影响因素由组织情境因素、人际关系和团队特征因素、组织文化因素、个体特征因素以及内部动机特征因素五部分构成。

（1）组织情境因素。

组织情境因素为知识共享提供了良好的外部环境和支持。组织情境因素可以分为组织氛围因素、组织激励因素和组织特征等因素。管理支持组织激励角度涉及的影响因素还包括激励措施和机制、良好的薪酬体系、组织奖励和激励、团队和个人激励等各类激励和支持措施，对知识共享具有重要积极影响。组织情境因素还包括组织自身特性、组织机构特征，组织职级越多，知识共享的难度也就越大。

（2）人际关系和团队特征因素。

对人际关系和团队特征的讨论是知识共享影响因素主要研究内容。首先，基于人际关系视角，研究组织内部良好人际关系、人际信任等因素对知识共享的影响，研究结果表明人际关系信任与和谐对知识共享有重要的促进作用。其次，团队相处时间、团队关系冲突、团队规范、团队异质性等团队的特征也是影响知识共享的重要因素。

（3）组织文化因素。

现有研究表明组织文化差异等因素在跨文化知识共享研究中尤为突出。主要探讨了个人主义、东西方文化差异、集体主义、民族与跨文化等因素对知识共享行为的影响。关于中美员工的文化差异研究则显示：中国文化情境下的员工更具有集体意识，更加"抱团"，而美国文化下，员工倾向于个人主义，集体观念等较为淡薄。

（4）个人特征因素。

个体特征主要包括个体的人格特质、教育背景、工作经验以及员工的年龄等因素对知识共享的影响，也是研究者所关注的领域。大五人格例如内向和外倾性人格特质会对知识共享产生不同的作用，高教育水平和工作经验都会正向促进知识共享行为。

良好的教育背景和工龄都会使个体形成较好的知识自信，从而缓解因知识分享而带来的知识损失焦虑。

（5）内部动机特征因素。

共享动机是知识共享研究的一个核心议题，动机特征的研究往往将员工看成理性的个体。知识共享动机主要包括经济、声誉、互惠和利他动机四个方面。

经济动机是知识共享的首要动机，也是研究结论差异最大的动机，有研究结果显示经济动机对知识共享具有重要的正向影响，有研究结果显示报酬并不能对知识共享产生正向作用，反而会抑制共享的产生。

一部分学者指出声誉的需求会促进知识共享意愿和行为的产生。互惠动机是基于知识交易观展开知识共享的主要动机，追求互惠是知识共享的重要因素。利他动机与互惠动机有相似之处，利他动机可以看成互惠动机的一种特殊形态，因此利他动机也对促进知识共享具有重要作用。

（二）社会交换理论

社会交换理论（Social Exchange Theory）认为人际交往是在以给予和回报等值这一基本假设为前提，并在此基础上建立一个以付出与回报、投资与收益等基本范畴和概念为核心的理论体系。从人际关系角度来看，任何社会交往本身就是一种社会交换，这个过程中一方以自己所拥有的“资源”从另一方那里获得等价“资源”。

社会交换理论（SET）是理解工作场所行为的最有影响力的概念范式之一。社会交换理论的根源可以追溯到 20 世纪 20 年代，融合了社会心理学和社会学。社会交换关系解释了人与人之间随着社会变化和交换形成的一种社会关系。根据成本效益分析，人际关系是在社会交换和互动的过程中形成的。

Homans（1961）借助行为心理学和经济学理论构建行为主义交换理论，他认为社会交换行为规律与经济学中的交换原理是一致的，个体能够理性地追求个人利益最大化。

Homans 理论的主要内容是关于人类社会行为的六个命题，即①成功命题：个体的行为越是能经常得到报酬，就越愿意重复这种行动．如果一些得到报酬的行为失去报酬时，行动就会弱化或终止，强调行动频率和动机与奖赏之间的正相关关系。②刺激命题：如果过去的某种刺激能带来报酬，目前这种近似的刺激也会带来相似的行为，强调了情境对行为的影响。③价值命题：个体的行为结果如果越有价值，他就可能更多地采取这种行为，强调了行为结果的价值对行为的影响。④剥夺—满足命题：如果个体在特定的时期内越是频繁地得到某种报酬，这种报酬的激励作用越弱，强调了行为的时间因素和频率。⑤攻击—赞同命题，其中攻击命题是指当个体的行为没有得到他预期的回报或使他受到意外的惩罚时，他会采取攻击性行为，这种行为的结果对他更有价值。赞同命题是指当个体的行为使他得到期望的回报，特别是当回报大于预期或者惩罚弱于预期时，他会感到高兴并采取赞同行为。⑥理性命题：当个体对各种行为进行选择时，他会本能地选择可能获得报酬最大的行为，即行为 = 价值 × 可能性。Homans 的观点认为社会交换行为是一种选择、计算得失的过程，个体总是选择一种追求最大回报而避免受到惩罚或失败的行为。这种观点适用于研究个体层面，过去强调人的理性和社会交换的公平原则，不能从宏观上对社会结构和机制等进行解释。

Blau（1964）指出行为的最终目标是在与他人互动过程中实现，必须为达到目标而共同行动。经济动机是产生社会吸引的条件，但是社会交换受到文化、情境及规范的约束。Blau 研究并发现：群体和个体有很多相似之处，群体也有追求高报酬的欲望，群体间的交往模式经历“吸引—竞争—分化—整合”过程，对立和冲突产生于不平衡的交换过程中。Blau 的理论为分析非制度化的人际互动和制度化的结构关系提供了一般性的理论框架，从而弥补了理论中微观研究和宏观研究之间的鸿沟。

虽然出现了不同的社会交换观点，但是理论家们认为社会交换涉及一系列产生义务的相互作用（Emerson，1976）。将社会交换理论汇总可知，这些相互作用通常被视为相互依赖，并且取决于另一个组成部分的行为，社会交换理论还强调这些相互依赖的交易有可能产生高质量的关系。

员工与组织中的同事进行知识隐藏或知识分享的过程也是发生社会交换的过程。知识隐藏是发生在知识寻求者向隐藏者请求知识过程中的行为，知识寻求者所具有的“资源”的价值直接影响的隐藏者什么时间及做出何种程度的回复。如果双方是消极互惠，“资源”价值不等，知识隐藏发生的可能性会变大，反之亦然。Connelly 等（2012）认为员工互惠的程度和信任对员工的知识隐藏有很大的影响，如果员工之间能通过积极互惠形成较高的人际信任关系，就会很少发生知识隐藏行为，反之亦然。

社会交换理论认为社会行为是交换过程的结果。这种交换的目的是利益最大化并且最大限度地降低双方的成本。根据这一理论，双方为了获得利益，都期望以最好的方式与他人交流。组织内部的知识 / 信息共享也依赖于社会交换理论。基于社会交换理论，一些学者认为，当员工认为需要诸如地位、有利的权力平衡、未来关系的奖励和维持等需求时，就会在知识持有者和寻求者之间发生知识共享行为（Muthusamy，White，& Carr，2007）。知识共享被定义为公民行为的一种形式，是一种有助于提高组织竞争优势的自愿行为。在本研究中，以知识为基础的心理所有权，领地行为和组织政治知觉被假设为独立变量，根据社会交换理论，预计这些变量会对知识隐藏行为产生影响。

（三）知识管理理论

知识管理（Knowledge Management）是一种新兴的跨学科的管理模式，在组织的背景下处理知识的各个方面，包括知识创造、分享和使用知识来促进学习和创新。知识管理在现在组织中的重要性越来越明显，例如为客户提供良好的服务和业务，为了实现这个目标，公司需要缩短产品更新周期，创造和提供高质量产品，增强员工对客户的需求适应能力，创造和分享知识。

知识管理可以定义为管理知识创造、传播和利用的过程集合，它还涉及建立支持性组织以实现有关目标，以及促进组织成员的协助。实践知识常常先于理论知识，在个人和环境互动中产生和积累的隐性知识是非常难以表达和传递的。所有知识和行为都根植于隐性的成分。隐性知识又是部分建立在现有的显性知识上，因为隐性知识是通过物理世界中的体验和观察而获得的。隐性知识具有天然的排他性，为个体在组织中的竞争、晋升和成果奠定了基础。

知识管理战略常见的考虑因素，可以分为两个维度，一个维度强调了帮助创建、共享、存储和使用组织的显性知识的能力，这个维度强调编纂和存储知识（Choi & Lee，2002）；另一个维度强调通过人际互动进行知识共享，这个维度通过社交网络（包括团体和组织）来进行对话，通过人与人之间的联系分享知识。该策略试图获取内部和隐性知识，并以非正式方式分享知识（Jordan & Jones，1997）。知识可以从经验丰富的技术人员那里获得。

知识创造的核心是通过人类主体和环境的交互作用实现的。知识创造的过程中会表现出以下四种形式：①社会化（Socialization）是共享经验的过程，并依靠它创造隐性知识；②外部化（Externalization）是知识创造的关键环节，从隐性知识到显性知识的过程中创造出标准化知识；③组合化（Combination）是把不同显性知识综合成知识系统的过程；④内部化（Internalization）是四个不同的区间相互转换形成的，即 SECI 过程。

正如迈克尔·波兰尼（Michael Polanyi）（1966）所指出的："我们可以知道的比我们所知道的更多。"显性知识指的是可以通过正式的、系统的语言传播的知识；隐性知识指的是个人独有的知识，这使得知识难以通过沟通来进行传播。隐性知识深深扎根于行动、承诺和参与的特定背景，它通过复杂的认知行为"住在"人的身心中。隐性知识包含认知和技术要素。

本研究是假设知识是通过隐性知识和显性知识之间的相互转换而产生的，涉及四种不同的知识转换模式，如图 4-2 所示。

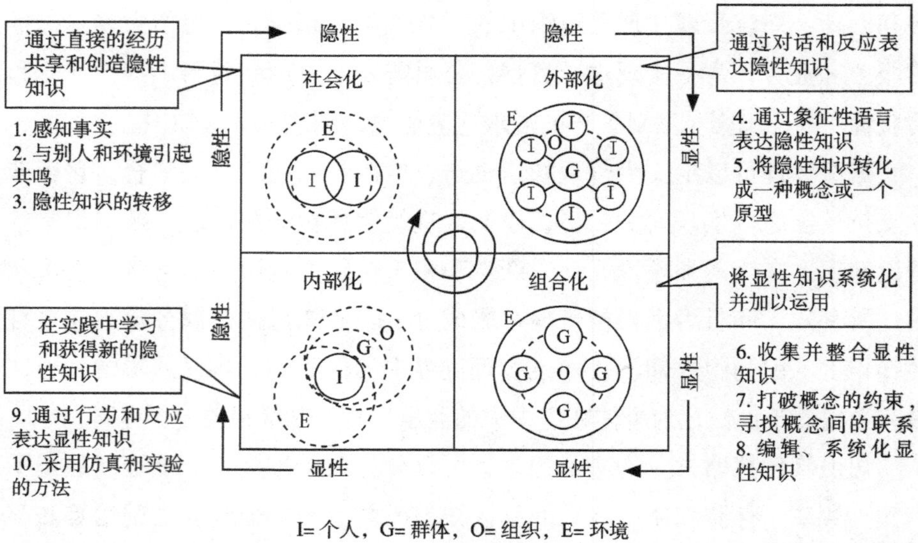

图 4–2　知识创造和利用的 SECI 过程

来源：Nonaka & Takeuchi（1995）。

（1）社会化（Socialization）：从隐性知识到隐性知识。

社会化（Socialization）指隐性知识在不同主体之间的一种互动，描述了隐性知识的共享，个人通过共享经验互动并创造隐性知识。对组织内部或外部情况进行观察、整改和学习是获取经验性知识的有效途径，如在组织中与顾客直接互动、从组织内部获取隐性知识等。在这个阶段，个体成员之间经验共享是获得隐性知识的关键。很多企业都是通过传帮带、观摩等形式来实现企业知识的创造与流动。例如，学徒或刚工作的员工可以通过观察、操作、实践等手段，从师傅或有经验的同事或上级处学到技术或解决问题的方法。很多企业或组织会为实现知识转化而对新入职员工进行培训，使其更快地适应工作。隐性知识的关键是经验，如果没有经验共享，组织成员很难获取自己所需的隐性知识。

在产品开发过程中也存在社会化的知识转化。例如，20 世纪 80 年代，松下公司想要开发一种家用面包制作机。面包制作机的关键技术是将揉面团的过程自动化，而如何揉面是面包师所掌握的隐性知识。开发工程师为了获取这种揉面技术，就跟着面包师做学徒。直到工程师发现制作面包的关键技术：面团不但需要“拉伸”，而且还要进行“揉搓”，经过这样的工序做出的面包才好吃。在这个过程中，面包师所拥有的隐性知识转化为工程师的隐性知识，隐性知识社会化的过程是通过观察、学习、实践而实现的。

（2）外部化（Externalization）：从隐性知识到显性知识。

外部化（Externalization）将隐性知识明晰化并转化为显性知识的过程。为了使隐性知识外化成功，个人的组织承诺是关键影响因素。在这一阶段，被个体成员分享的隐性知识，通过相互交流，或者是文字、图形等形式得以表达和传播，与社会化相比，外部化可以被认为是高度独立于组织环境而嵌入的特征，因此难以转移和模仿。经验体会及总结等是企业常用的外部化的表达方式。

在公司具体实践过程中，外部化需要以下两个步骤：

第一步，将隐性知识转化为显性知识，会需要一些表达的技术和工具，以便将一个人的内心想法通过文字、图片和交谈等方式清楚地表达出来。

第二步，将顾客或专家们高度专业化或个人化的隐性知识转变为可以理解的表述，这会涉及演绎或推论技巧，因此需要创造性的推论。

（3）组合化（Combination）：从显性知识到显性知识。

组合化（Combination）是将显性知识转换成更加复杂或系统化的知识体系的过程。组合化过程将分布在不同主体和层次的知识通过企业的知识网络进行交换和整合，从而转化为组织知识。会议或交流是企业知识结合的惯用方式，电视、电话会议等是组合的有效工具。

在实际操作中，知识组合化包括三个步骤：

首先，搜集组织或完成工作所需的资料和信息，然后整合成新的标准化知识；其次，通过讨论或会议等方式将这种新的标准化知识告知给组织成员；最后，将这种知识重新整理汇总，使其成为公司的方案、计划或报告，为公司所用。公司成员在组合阶段通过讨论达成协议，以便采取具体步骤。

（4）内部化（Internalization）：从显性知识到隐性知识。

内部化（Internalization）是指新的显性知识转化为个人隐性知识的过程。组织中的培训、模拟等方法是知识内在化的主要方法和途径。在内部化过程中，员工通过亲自体验或实践而得到知识显得非常重要。在为开发新产品成立跨部门团队中，员工来自不同部门具有不同的技能，他们之间通过彼此分享、交流及合作来提升工作能力，这就是知识内部化的过程。

在商业实务方面，内部化包括以下两个方面。

（1）需将显性知识变成具体措施而付诸行动。在将显性知识的内化过程中，就可针对策略、行动方案、创新或改善等方面研究出实际的构想或实施办法。

例如，较大型组织所实施的教育培训就可以帮助员工了解整个组织的情况。

（2）可利用模拟或实验等方式，帮助学员在模拟情况下借助实习过程来学习新知识或新方法。

知识经过社会化、外部化、组合化和内部化四个阶段，实现了个人与个人之间、个人和组织之间知识的共享和流动，并最终产生了新的隐性知识。知识能进行四阶段的转化的前提是：组织可以创造员工分享隐性知识的情景或条件，只有当组织中个人的隐性知识与组织中其他成员分享时，才是新一轮的知识创造过程的开始。知识需要不断实现自我突破和超越，呈螺旋式的动态递进过程，当个人的知识完成一次螺旋运动，转化为新的隐性知识后，新的知识螺旋运动才得以开始。

有学者认为，不断整合组织内所有员工的知识的整个过程在管理实践中具有强大的基础。这四种模式描述了将显性知识转化为隐性知识的过程（Nonaka & Takeuchi，1995）。基于这样的假设：员工在将整个组织共享的显性知识内化时，也即扩展了自己的隐性知识。知识转换（SECI）的方法论如图 4-3 所示。

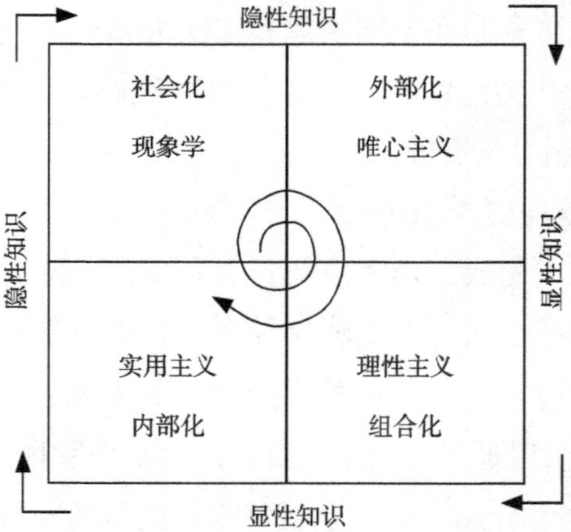

图 4-3　知识转换（SECI）的方法论

来源：Nonaka & Takeuchi（1995）。

知识在不断的进化中，完成由显性向隐性的转换。

（1）知识创造的促进条件。

组织的作用是为知识创造过程提供适当的场所和良好的氛围，以利于个人知识的积累和创造。组织知识创造的促进条件包括①意图：组织对其目标的渴望，常以战略的形式表现，缺乏组织意图，若想对所观察到或创造的信息化知识进行价值判断是很难的。知识与信息的不同之处在于知识反映的是一种特定的立场、视角或意图，具有依照特定情境而定的特征。②自主管理：如果有可能，应该让组织成员自主行动，通过自主行动，个人和组织会有增加意外机会的可能性，实现自我激励，为知识创造提供充分是授权。③波动与外界互动：促进组织与外部环境的互动，可以重塑成员习惯或认知上的模式，对问题进行质疑和重新思考。从噪声中创造秩序，从混沌中发现问题。④冗余：有关业务活动、管理职责和整个企业的信息有一定程度的冗余，适当地分享冗余信息，可以促进隐性知识的分享。可以采取重叠的方式，几个团队共同开发一种产品，最终选择最优产品。⑤必要多样性：如果组织想要面对环境带来的各种挑战，内部人员可以通过重组、轮岗等方式增加经历的多样性，可以对信息绩效进行综合分析，这样有利于应对各种意外事件。

（2）知识创新的螺旋上升过程。

组织内部的知识创新需要隐性知识与显性知识不断交互作用，这是一个连续、动态过程，体现在不同知识转化模式的切换过程中。组织的知识创造源于个体，是一个螺旋上升的过程，并且会随互动社群的扩大，超越部门、事业部和组织的边界，不断向外部扩散，产生溢出效应，进而造福整个社会。例如，很多产品对社会的贡献远远大于给公司或员工带来的财富。

知识创新是一个循序渐进、逐步扩展的过程。例如，企业对于消费者需求的隐性知识可以通过社会化和外部化转变为研发新产品的概念需求（消费者需要无线通信设备），概念化的知识又可以通过组合化产生系统化的知识来开发出新产品模型（生产出手机样品），而系统化知识则可以通过内部化转化为运营知识（产品的大规模生产，满足消费者需求）。基于经验的知识又开启了新一轮的知识创造过程。

一般来说，组织不可能创造知识，知识是由个体产生的。个体的隐性知识是组织知识创造的基础，组织要为调动个体所创造及积累的隐性知识创造良好的环境和氛围。组织的职能就是为创造性的个体提供支持、条件和环境，使得个人的隐性知识流动起来，这种流动的隐性知识通过四种知识转化模式在组织内部得以增强。知识螺旋是指个体隐性知识通过知识转换的四种模式在“组织层次”上得以放大，并在存在论维度较高层次上结晶下来。隐性知识与显性知识的相互作用会随着知识螺旋式的扩大而幅度增大。组织知识创造的螺旋结构如图 4-4 所示。

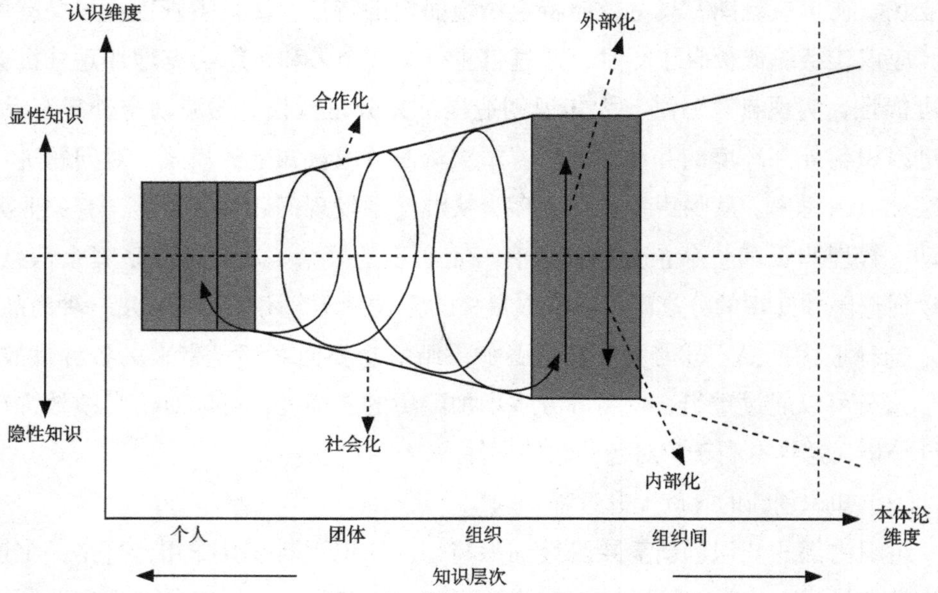

图 4–4　组织知识创造的螺旋结构

来源：Nonaka（1994）。

（四）调节焦点理论

在组织环境中，强调追求快乐（奖励和表扬）并避免痛苦（惩罚和批评）的享乐主义（hedonic principle）在动机研究中占有主导地位，并成为很多心理学理论的潜在动机假设（姚琦 & 乐国安，2009）。这种假设无法解释一些看似矛盾的现象，例如，激励（内在和外在）有时候能提高业绩，有时候会有反作用。Higgins（1997）提出了调节焦点理论（Regulatory Focus Theory）来解释上述问题。近几十年来，这种强调—避免的原则引起了很多关注。因此，有必要研究人们如何对具有重大后果采取接近快乐和避免痛苦的战略方式。

调节焦点理论是自我差异理论（Self-discrepancy Theory）的进一步发展（Higgins，1987）。自我差异理论研究自我和情感，自我差异是个体的一种认知结构，自我概念与自我调节标准不同会对个体情绪产生差异化的影响。调节焦点理论主要研究个体趋利避害的倾向，重点关注个体对期望自我调节的内在过程。这一理论构成了追求快乐的基础，但在其动机结果方面有着根本的不同。

根据调节焦点理论，自我调节是指个人选择目标的方式。一方面，个体采用以促进为重点来追求能反映他们希望和愿望的目标；另一方面，以预防为重点的个体更关心的是减少惩罚和回避错误发生以及遵守组织规则。当检测心理所有权程度时，注重促进焦点的个体对目标的心理所有权的感知程度和促进焦点的个体有很大差异。例如，组织内部的信息共享会对组织绩效产生积极影响，拥有促进焦点心理所有权的领导，可以与其他同事共享自己的信息，因为他/她认为公司的绩效与个人息息相关。相反，具有预防心理所有权的领导者可能会回避和隐藏其他同事的知识请求，因为他/她要保持自己的优势和地位，保持组织的稳定，避免出现变化。

调节焦点理论区分了促进、预防焦点来描述在趋近—避免行为和情绪两方面具有差异的自我调节系统，促进、预防焦点源于不同的生存需要，追求不同的期望状态（莫丽娟，2013）。Crowe & Higgins（1997）的研究指出，监护人在与孩子交流过程中对情境的控制和调整能够影响孩子的调节焦点，他们认为学校中的老师和学生以及组织中的领导和员工之间的调节焦点会随着情境的变化而变化。Kark & Van-Dijk（2007）将个体焦点区分为特质调节焦点和情境调节焦点，特质调节焦点是指个体的调节焦点模式在成长过程中逐渐形成，表现为一种相对稳定的个体特质；情境调节焦点是指个体调节焦点随着所处情境的变化而变化，是一种短暂的、动态的个体状态。

调节焦点理论有以下两个侧重点：①促进焦点来源于生存需要，关注进步、成长、愿望和成就，追求不同的期望状态和积极结果，体验的情绪为高兴—沮丧类；②预防焦点来源于安全的需要，侧重于保护、稳定和安全，避免消极结果，体验的情绪为平静—焦虑类。个体侧重促进焦点表现为创造性思维、诠释抽象能力较为发达并且工作热情和积极性较高；个体侧重预防性焦点会表现出仔细认真的工作态度、依赖具体明确的指令、不善于思考且工作积极性较低。

自我调节越有效时，促进焦点越显著，个体越愉快；预防焦点越显著，个体越平静。具有促进焦点倾向的个体更易体验到积极情绪且强度较大，个体侧重于预防焦点更容易体验到更强的消极情绪。与预防失败（避免损失）相比，个体对促进成功（得到）的体验更强烈；与促进成功（得到）相比，个体对预防失败（避免损失）的体验更强烈。在实现目标的过程中，个体所采取的调节焦点策略既具有长期性特点，也可能受到所处情境的影响。

大多数情况都能暂时引发促进焦点或预防焦点。例如，收到来自老板的反馈的雇员或从教师处得到反馈的学生能够收益/非收益的知识（促进焦点结果）或损失/非损失（预防焦点结果）的情况。预防焦点理论认为，人们的促进或预防焦点能影响他们对成功和失败的情绪反应的性质和程度（Brockner & Higgins，

2001）。例如，当侧重于促进焦点时，个体战略性地试图将他/她的行为与目标相匹配（例如，职员通过认真工作确定良好的业绩；研究人员希望在某个研究领域取得突破等）；当侧重预防焦点时，个体战略性地试图避免行为与目标不匹配（例如，对失败的恐惧；员工在组织内为了保持其地位以隐藏他/她的同事的知识请求）。

Brockner & Higgins（2001）指出，人们的调节焦点包括三个因素，这些因素说明了促进焦点和预防焦点之间的差异：①需求。前者是抚育需要，后者是安全需要。许多研究人员表示，个体有许多基本需求，包括成长、保护和发展需求等，他们将努力满足这些需求；②目标本质。前者是理想自我，后者是应该自我。Higgins（1987）认为某些目标反映了人们的希望、期许和强烈的愿望（例如，销售员迫切地希望达成季度绩效目标）；③情境的心理本质。前者为得到情境，后者为没有损失情境。积极成果的存在和缺失对于侧重促进焦点的个体有着显著的影响。理想的目标代表了积极结果的存在，当成员达不到理想的目标时，他/她们会经历非收益的痛苦。如果期待目标没有消极结果的存在（如安全和保障），没有达到期待的目标，他/她们就会经历损失的痛苦。

Higgins（1997）指出，调节焦点理论能够解释领导动机和自身行为，领导可以引导下属自我调节焦点。Brockner & Higgins（2001）将调节焦点理论导入组织研究中，并指出用调节焦点理论来研究组织中的匹配、领导方式及员工对组织的投入程度等问题。领导可以通过使用特定类型的倾向或态度来影响下属的调节焦点。领导敢于冒险，追求成功，可能会激发下属的促进型调节焦点，促使下属更多地追求“成功”自我；领导越聚焦于追求稳定，不出纰漏，可能越会激发下属的预防型调节焦点，促使下属更多地追求“安定”自我。他们认为，组织匹配研究中应包括个体与组织环境在调节定向上的匹配这一维度，例如，在区分变革型领导和交易型领导时还要考虑两者对下属调节焦点作用的影响差异；在研究员工对组织的负面情绪时要注意员工动机导向的差别。组织氛围、角色榜样、表达言语及组织文化等与组织相关的因素都会影响下属的调节焦点型。促进型和预防型调节焦点的比较如表4-6所示。

表4-6 促进型和预防型调节焦点的比较

比较项目	促进型调节焦点	预防型调节焦点
行为调节侧重点	获得奖励	规避惩罚
结果敏感倾向	对积极结果敏感	对消极结果敏感
目标实现策略	促进型	防御型

续表

比较项目	促进型调节焦点	预防型调节焦点
追求的自我类型	追求“理想”自我，关心成绩与愿望	追求‘应该”自我，关心职责与义务
动机差异	变革动机。追求发展和变革，注重创造性优势	稳定动机。确保个人的安全和保障，维持常规，保持现状
情绪跨度	高兴—沮丧	平静—焦虑
发生情境	收益—无收益情境	无损失—损失情境
需求动机	安全需求	培养需求

来源：以李磊，尚玉钒，席酉民（2010）研究为基础进行适当修改。

（五）资源保存理论

资源保存理论（Conservation of Resources Theory，COR）作为压力研究领域的最新进展，从资源得失角度来解析压力情境下的个体行为，并使抽象的压力概念易于测量。

Hobfoll（1989）将资源定义为“个体特征、条件、能力等让个体觉得有价值的东西或者是获得这些东西的方式”，这些资源不但可以满足个体工作需求，而且可以决定个体在组织中的自我识别和社会地位。他从资源的损失和收益角度解释了工作压力产生的原因，并提出资源保存理论（Conservation of Resource Theory）。他指出个体总是努力获得和维持他们认为有价值的资源，包括工作技能、知识和工作自主权等。获得的资源既可以满足工作要求以此为基础获得新的资源，也可以获得防卫性的应付能力和增强抵抗压力的自我效能感，所以具有内在和外在的激励作用。

资源保存理论根据资源的属性将其分成四类：一是经济资源，其与收入有很大的关系，如汽车、房子等是决定个体抵抗外界压力的重要物质基础。二是名誉资源，如朋友、婚姻、名誉、权利和地位等，这种资源可以为个体获得关键资源提供帮助，决定着个体或群体在组织中的社会地位。三是积极的人格特质，如创造力、批判性思维、好奇心等，是个体未来发展的重要影响因素。四是能力型资源，是帮助个体获得其他三种资源的基础，如人际关系、态度、自我效能感等。由此可见，组织信任、知识质量、创造力、组织心理归宿和组织奖励等都可以被看作有价值的资源。

Hobfoll 指出资源保存理论具有动态性。首先是个体规避资源短缺风险。与资源充足产生的效益相比，很多个体对资源短缺带来的风险和损失更加在意。个体本能寻求稳定而厌恶风险，当遇到紧急情况时，个体将首先关注如何规避损失而不是产生效益，倾向于保留现有的资源而非开发或获取新的资源。其次是个体进行资源投资。为了避免资源流失或使资源恢复到原来水平，个体必须对资源进行投资。个体资源存量影响了投资的质量，如果员工拥有较多资源，且资源质量较优，更容易使资源产生价值获取收益进而避免遭受资源损失，反之亦然。因此，资源较多的个体更愿意采取更为积极的资源投资策略，而资源较少的个体通常更倾向于保存已有的资源。最后，资源收益或损失的螺旋效应。由于知识具有螺旋递增或递减效应，知识资源在运行过程中会产生收益或损失，从而会进一步强化个体知识资源的差距和分化。

资源能够满足员工的组织热爱、组织归属感和自我效能感等心理需求而产生内在激励，通过外在激励作用使员工努力工作获得相应的报酬或晋升机会。这里的资源包括物质资源（如房子、衣服和食物等）、人格特征（如尊严）、地位（自己在组织或社会中所处的位置）和能力（如知识信息等）。

组织和员工都认为知识是一种稀缺资源，如果知识被分享，其他成员可能通过“搭便车”而坐享其成，使知识所有者丧失在组织中的地位和核心能力。因此，根据资源保存理论，员工所拥有的知识，特别是投入大量时间和精力而努力获得的隐性知识，是重要的个人资源。当知识所有者面对组织其他人员的知识请求时，为避免自己因知识资源丧失而产生焦虑及不安全感，进而避免自己所控制的信息资源丢失而产生压力或紧张感，个体会对知识加以保留和隐藏（Serenko & Bontis，2013）。

（六）知识权力理论

1. 知识权力的内涵

1975 年，福柯在《规训与惩罚》一书中提出知识权力观。他认为组织中知识和权力关系紧密，权力产生知识，知识强化权力。某个领域的知识体系一旦构建成立，便体现出一种权力关系，随着知识体系结构逐步完善，这种权力关系不断得到强化并扩大，基于这种视角，知识与权力本质上是有紧密联系的。

目前文献中，关于知识与权力之间关系主要集中在三个方面：①知识是获取权力的一种工具；②权力会阻碍特定知识的传播和分享；③知识具有打破权力垄断、实现思想解放的功能。福柯指出权力和知识具有相互包含关系，权力关系的基础是建立相互关联的知识架构。知识产生的基础是权力，知识借助权力来发挥特定的功能，传播并进一步巩固权力的影响力。权力对知识产生的影响是具体的，某种权力形式能够生产出对象和结构都不一样的知识。知识和权力构成管理和控制的一体化，能对主体进行适当塑造。

福柯的微观权力基础来自生产性实践，而不是外在的压制和控制。福柯认为，谁在行使权力并不重要，而关键在于权力是如何运作的。他从微观角度指出权力不是一个实体，权力与知识不是一种单向控制的简单关系，而是一种相互交错的复杂关系。权力以网络的形式运作，个人总是处于既服从又运用权力的状态。

黄磊（2014）研究指出，个体权力的体现和运用必然伴随着其有组织所需的核心知识，知识与权力是共存联系。权力随着知识在组织或团队内部个体间的流动而转移，知识传播过程中存在强化或减弱权力的现象。当个体拥有组织发展急需的知识，能够使组织对其形成知识依赖时，可以显著提升个体在组织中的影响力，并能有效提升自己在团队中的地位和权力。例如，资深专家的意见和看法往往能够成为组织或团队决策的重要参考和依据。

个体感知到的知识权力丧失是影响员工知识共享的重要因素。他人或组织缺乏对所拥有知识价值的准确判断，以及员工对他人的信任程度较低等因素可以对员工丧失知识权力感知产生促进作用。若员工与同事之间信任关系较强，倾向对同事行为作出主观上积极的判断，从而降低对知识权力丧失的恐惧或担忧；如果员工同事间有较低信任感，主观上倾向对同事行为作出消极的判断，会增加员工对知识权力丧失的恐惧或担忧。知识权力丧失的心理感知越强，员工知识隐藏的意愿更强；反之，知识权力丧失的心理感知越弱，员工知识共享意愿则会越高。

2. 知识权力的特征

知识权力具有权力的共性，由于拥有资源信息的不对称而具有不同的支配与影响力。知识与权力共存和知识心理感知决定了知识权力自身的特征。

3. 知识与权力相依

知识权力是指个体因拥有某种知识而为其带来一定的权力。Kankanhalli, Tan, & Wei（2005）研究指出个人的知识质量能在知识权力体系中获得更好的经济价值，比如，如果个体拥有组织成长和发展所需的独特知识，则更容易获得良好的待遇、职位晋升等。从组织政治角度出发，知识能够给个体带来一定的组织地位，如技术专家，因为其拥有不可替代的技术知识而获得专家权力和组织地位。知识能够给个体带来一定的社会地位和荣誉感，当个体掌握独特的知识或技能时，当面对知识请求时，就会觉得自己被需要，帮助对方解决问题后能够受到对方的组织及上司的欣赏。特别是知识型员工，知识和权力是不可分割的，由于知识和权力的密切关系，知识和权力的转移是同步进行的。对个体而言，将自己拥有的核心知识分享给他人时，个体在组织中的重要性就会变弱，知识带给个体的收益和权力就会减少。组织中个体间的知识传递和流通会存在地位的下降和权力的流失。

（七）知识价值观

在经济生活中，通常用货币来体现物品的价值，在知识经济时代，货币仍然是一种衡量价值的工具。知识和商品类似，也有价值、使用价值和交换价值。知识管理的目的在于通过在组织中的应用，给组织带来较大的价值。

1. 知识的价值

知识本身不具有任何效用，知识的价值以使用价值为前提，如果知识不能在使用过程中表现出使用价值，则其价值就没有任何意义。任何人在获取知识、产生知识、转化知识和应用知识的过程中，都要付出精力和脑力劳动。虽然这种脑力劳动不同于体力劳动，脑力劳动是通过大脑而进行的科学探索、知识创新等精神层面的心智劳动。

商品的价值取决于生产商品的劳动时间和人工成本，知识的价值也取决于大脑和心智的劳动时间，包括知识获取时间、知识创新时间、形成知识资产的时间等。例如，芯片研发的知识价值十分高，包括成为一位专家所接受的教育费用、获得新的知识所需的实验设备的费用，以及形成新知识的时间等。

知识本质具有商品属性，任何人要想获得知识，必须付出金钱、时间和创造性思维等成本和代价。知识的价值还体现在知识是一种认知资本和智力资产。

2. 知识的使用价值

只有当其他人吸收或使用组织中知识型员工产生的知识和思想，并运用到自己工作中，有助于开发新产品或解决新问题时，才能体现出知识的“使用价值”，例如，数学知识、管理知识等，它们的使用价值分别体现在帮助人们进行精准计算和解决经营管理方面的问题。

知识的使用价值具有驱动精神领域发展的作用，通过对知识的重新组合，形成新的知识。例如，当个体在学习或听培训和讲座时，吸收书本和他人的观点形成自己的知识、观点，如果没有对这些显性知识或隐性知识的理解和吸收，就不会有创新思维。因此，知识活动、知识创新也是知识使用价值的体现。

个体间原有的知识水平、认知结构存在差异，会影响对同一知识的使用价值。当个体收到某种信息或知识时，由于个体需求和认知程度的不同，会表现出对同一知识有知识使用价值和无知识使用价值的情况。例如，同一个班上课的同学，虽然是同一老师讲课，由于学生基础知识、学习态度等方面存在差异而成绩不同。甚至同一个人对同一知识，在不同时间里进行不同的阅读和理解，也会产生不同的使用价值。

知识的使用价值同物的使用价值一样，在使用时得以体现，但知识不会被“磨损”，更不会消失，而且知识在使用过程中通过知识螺旋或知识碰撞等会产生更多的知识。例如，很多人同时读一本书，书中的知识不会因为多次阅读而改变或消失，在阅读的过程中，每个人还会因为通过思考、讨论产生新的认识。而且，同一知识因为其载体的改变而改变，知识无论是记录在书本上还是存储在硬盘中，都是一样的，与载体的物理特性没有任何关系。

3. 知识的交换价值

知识因具有价值而具有交换价值，知识不能用数量来衡量，只能按照其成果来评定，所以，知识的交换价值不依赖于知识质量和价值。知识的质量和价值包含了获得知识的精力、脑力及学习能力等，以及组织对这种知识的需求和认识程度。

知识的交换价值不仅体现在组织的信誉、美誉度、知名度等无形资产的交易过程中，也体现在专利、培训等知识商品的交易过程中。交换价值与知识商品中的知识密度和质量有很大关联性。例如，5G 的发明专利交换价值要远远高于外观设计专利；肯德基、麦当劳的品牌价值远远大于很多餐饮企业的品牌价值。

知识的交换价值也体现在对商品的认识和交换中，个体对同一商品的认知程度会导致交换价值的不同。例如，对孤本或古董等较为贵重的物品的价值认定，每一次的买或卖的价格都会产生变化，对物品认定的价格是以价值为基础的，这种价值是由知识的差异所产生的。

市场对知识的需求程度也是影响知识交换价值的重要因素，类似商品的交换，在一个对某种知识有强烈需求的环境中，其价值会有所提升，知识本质上也是一种具有交换价值的商品。

4. 知识资本

资本是指投入商品生产、流通过程中能产生收益的货币。知识和货币一样，能带来特定的收益，在知识经济时代，知识如同货币一样在组织中流动可以产生效益。知识资本是指将个人知识资产或组织知识资产以契约的方式投入组织中产生效益。知识资本按来源可以分为由个人知识转化而来的个人知识资本和由组织知识产生的组织知识资本。知识资本是由知识资产转化而来的，知识资产又是由知识转化而来的。当知识进入经济领域时，知识就会转化为知识资本，这样才能为组织带来收益。

组织资本和人力资本是形成组织知识资本的重要要素，前者转化而来的组织资本是组织的固定资本，后者转化而来的人力资本会随着员工离开而流失或弱化。知识管理的主要任务就是要留住优秀的人才，并为组织提供尽可能多的、显性化组织知识，使之成为固定的组织知识资本。与个人知识资本一样，组织知识资本也能带来收益，首先，作为资本进行经营，例如以核心技术或专利等作为股份与其他企业合资；其次，直接投入商品生产交换领域，将组织知识资产作为商品来进行交换而获益，例如技术贸易等。

总而言之，组织从员工中获得知识，可以通过提高生产率、将知识融入产品，增加知识含量、形成独特的知识创意产品、知识资本运营等途径获得收益或产生价值。

（八）组织知识理论

员工的各种思想、方法和观点等既是组织人力资本的核心要素，也是组织管理的重点。个人要想获得知识资产，必须投入精力、资金等，如接受培训、利用业余时间进修，以及在实践过程中进行思考和总结等。组织根据与员工签定的契约，给予员工工作薪酬的同时也要将员工的人力资本为组织所用，使组织效益最大化。有效的知识管理能使组织人力资本更好地发挥效益，为组织带来更多价值，反之，会导致员工离职，组织人力资本流失或弱化。在知识管理过程中非常有必要对人力资本实施有效的管理，特别要防止因高水平人才离职而带来人力资本损失。

在知识经济时代，员工是创造知识的主体，所以知识资产具有个人属性，随知识所有者的流动而流动，在知识密集型组织中，知识员工离开组织意味着组织资产流失。许多高科技企业由于员工频繁流动给公司的发展带来了许多负面作用。

同一行业内因存在许多差别因素造成人才流动，组织的管理水平、领导力和组织氛围等是导致人才流动的重要因素，而不仅会是待遇等货币因素。对于知识密集型企业，如会计事务所、咨询公司、软件开发公司等，员工离职不仅仅带走自己的知识资产，还会带走公司客户的资源、技术和人脉等。要想尽可能地减少知识员工的流动，必须依靠先进的管理和良好的企业文化，才能进行有效的知识管理，提高员工对组织的忠诚度。

员工为组织带来个人知识资产（技术、专利等），组织要把知识员工的显性知识结构化，隐性知识显性化。组织要把个体的知识资产变为组织的知识资产，通过将这些资产进行优化或整合，进一步转化为组织智力资本。

个人的知识资本形成后，如果不与组织进行知识共享，成为组织或社会的知识资本，就不能为社会创造财富或转化为组织的生产力。例如，科学家的发明和创造如果没有得到推广，就不能造福社会。组织知识管理的重要任务是让员工自觉地、主动地贡献自己有价值的知识，让员工的知识资产转化成为组织知识资产，并通过商业运营，增强组织绩效。如果组织形成一个良好的知识环境和组织文化，员工会自愿将知识共享给组织内的其他同事，使组织获得价值。组织智力资本维度如表 4-7 所示。

表 4-7 组织智力资本维度

维度	内容
知识产权资本	指组织获取员工创新成果，并依法享有产权。知识产权资本可以使知识实现增值，例如商标、产品设计（设计原理、结构）、解决方案（服务方案、营销方案）等都属于知识产权
组织管理资本	通过组织管理和创新而形成良好的组织文化与组织经营环境。管理者进行管理创新，使得组织在计划、执行、控制等方面带来资本增值，形成个人知识资产向组织知识资产转化的良好组织文化
市场网络资本	组织所拥有的营销网络、市场占有率、顾客数量与忠诚度等无形资产。只有市场存在着对知识的需求，组织又具有知识商品的营销能力，隐性知识的创新才能走向市场，实现价值

各种资本的关系如图 4-5 所示。从图中我们可以得知：①组织中的知识资产只有通过货币实现其商品属性价值后，才能从“资产”转化为“资本”；②人力资本是组织中知识资本的核心；③知识管理的核心是知识员工，组织中智力资本是知识管理的结果。

组织的知识管理通过将知识与货币资本结合产生全新的组织资本形式，能为组织带来巨大的收益，例如很多高科技公司以货币形式对员工开发新产品运用的知识进行奖励。这种收益与组织给予员工个人的报酬的差距是巨大的，组织管理者需要进行宽松的“人性化”管理，激励员工为组织贡献知识，才能获得超额价值。

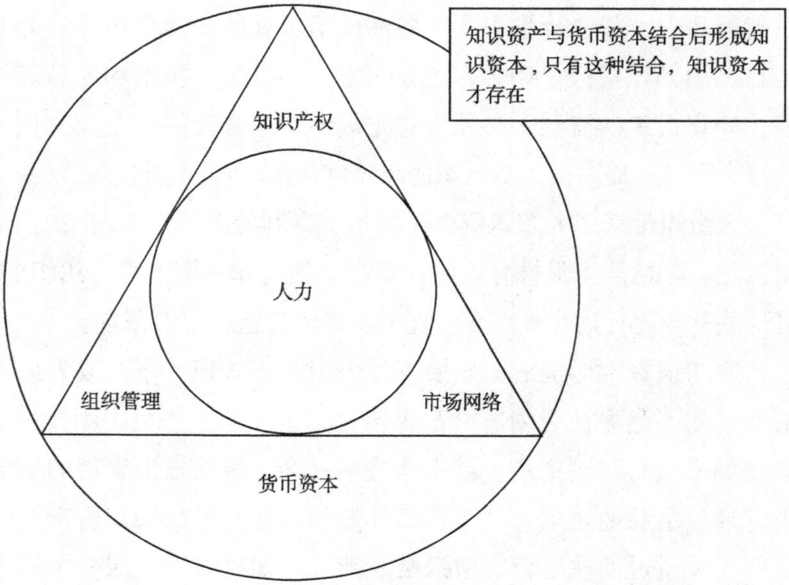

图 4-5　组织知识资本的构成

第五章　研究模型和假设

一、研究模型

在本研究中，知识特指包含了与组织成员执行任务的相关信息、想法和专业知识（Bartol & Srivastava，2002）。Connelly 等（2012）已经确定了影响知识隐藏的几个前因变量（不信任感、心理所有权、组织政治和知识共享氛围）。然而，学者们对知识隐藏的心理机制知之甚少，知识隐藏是本研究的核心变量。在 Connelly 等人（2012）的研究中，知识隐藏是组织中个体向知识请求的同事故意隐藏或可以掩饰的行为。在本研究中，知识隐藏被分为三个因素：拖延隐藏、合理化隐藏和装傻。知识隐藏并不是一种“消极”或“异常”行为，可能会产生消极、积极或不可意料的结果，造成这些结果的部分原因取决于知识隐藏者的动机和心理状态。员工可以实施知识隐藏行为，以保护个体或组织的利益。他们还可以通过隐藏自己的知识，以便对另一位同事进行报复或者维持其在组织内的优势地位。为了解决这一问题，我们将知识心理所有权、领地行为和组织政治观念作为自变量，并研究这些变数如何影响知识隐藏行为。将创造力和关系伤害设定为因变量。基于知识隐藏行为的性质，我们预测会增强对伤害关系的影响。

目前的研究将知识心理所有权、领地行为和组织政治知觉视为影响知识隐藏的独立变量，以及研究知识隐藏如何影响创造力并损害知识寻求者和隐藏者之间的关系。社会地位被视为缓和知识隐藏对个人创造力和伤害关系之间的影响。知识隐藏被视为知识心理所有权、领地行为和组织政治知觉对创造力和伤害关系之间的中介变量。社会地位可以调节中介在自变量经过知识隐藏的过程对因变量的影响关系。

本研究的模型如图 5-1 所示。

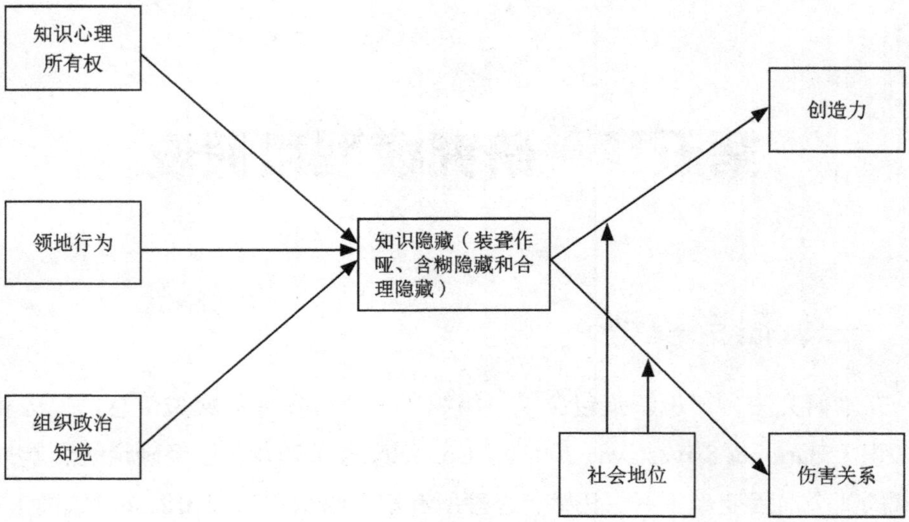

图 5-1　研究模型

二、研究假设

（一）知识心理所有权和知识隐藏

心理所有权理论对于解释知识隐藏是很有帮助的。根据这一理论，Pierce 等（2001）认为心理所有权是个体认为目标物是“我的”，对目标物产生所有感的心理状态，反映了个体对所有权目标在意识上的占有。当一个人的心理与一个物体联系在一起，并且该物体与他 / 她成为一体时，心理所有权被认为会退出。此外，Pierce 等（2001）认为个体可以体验各种目标物的归属感，包括有形的对象物（例如，房子、汽车和个体所拥有的物品等）或无形的对象物（例如，注意、看法和知识等）。心理所有权的核心是“占有感”，“占有感”的程度会影响个体对目标物的态度和行为。

在知识密集型组织中，知识或经验是员工花费大量时间并投入很多精力来获取或创造的，在知识所有者看来，知识可以有效保持自身竞争优势，尤其是掌握组织发展所需要的知识与自己的报酬和职位的晋升有很大的关系。个体可以通过拥有和控制知识来提高自己在组织中的地位和获取权力。因此，大部分知识型员工会对知识形成强烈的心理所有权。

在心理层面，个体的心理所有感可以强化自我效能感和自我效用（Pierce et al.，2003），为了满足其效用，经历强烈心理所有感的个体更有可能实施偏离行为来维持对目标的控制。一些研究表明，当个体对目标失去控制时，容易产生挫败感和心理压力。心理所有权较强的个体对目标的保护动机非常强烈，一旦丧失对目标的控制权，就会导致产生焦虑及烦躁情绪，当他们的控制感降低或者转移时，个体可能会经历损失和压力。因此，面对他人的知识请求，知识型员工会通过隐藏来实现其对目标的控制，以避免个人对对象物失去控制而产生不愉快的情绪，这种损失厌恶表明很多人可能高估他们所拥有的目标。具有较高水平知识心理所有感的个体比较低水平的个体更倾向于隐藏知识，因为前者希望满足其效用，并尽力避免个人损失、压力和沮丧的情绪。心理所有感强的员工不容易与他人交换所有权目标，为了满足自我效用与提升自我效能感，面对他人的知识请求时员工更倾向于选择隐藏自己拥有的知识。

当组织成员感知到知识所有权属于个人，并且分享知识会带来不利影响时，会选择隐藏别人寻求的知识。Husted & Michailova（2002）研究指出，组织成员由于担心自己独有的知识分享给其他同事会降低自己在组织中的地位，提高自己的可替代性，会倾向于保留知识。在面对知识寻求时，个体会对知识分享和隐藏带来的利弊进行博弈分析，如果知识拥有者认为知识共享会导致自身的权力受到较大损失，为使自己处于更加有利的地位会选择知识隐藏。

根据心理所有权理论，当个人产生个人所有权感知的目标物具有较强的排他欲望，并且在看到目标物被他人控制时，心理上会有焦躁不安等负面情绪（Pierce，Kostova，& Dirks，2001）。此外，知识心理所有权也会使个体对知识产生领地意识，领地意识会促进个体对自己拥有的知识领地进行保护和防御，避免被他人占领和越界（Peng，2013）。因此，当组织成员具有个人知识所有权心理时，为了避免知识损失的负面影响和持有知识优势受到威胁，在面对他人的知识请求时，很可能会选择隐藏知识。根据以上论述，得出以下假设：

假设 1：知识心理所有权对知识隐藏有正（+）的影响。

（二）领地行为和知识隐藏

Malmberg（1980）专注于人类领地行为背后的产生动机，并认为领地行为是个体建立永久或临时控制区域的动力。Brown 等（2005）认为领地行为是个体对物理或社会目标的所有权感受的行为表达，强调它的认知和行为功能。组织成员在很多方面都存在领地性，如对自己的办公场所、知识等形成领地性，当个体对组织目标产生领地性时，他们会倾向于将这些目标做标记宣示为自己所有。当目标物的拥有权受到侵犯时，他们会采取措施来保护领地，并控制目标物。

他们将领地性界定为个体对目标物感受到心理占有感时的行为表达，这个目标物可能是物理形态或社会形态。有研究指出领地行为存在领地依恋、防御和占有两种属性。领地依恋属性表明，心理所有权是领地行为产生的基础，正如 Brown 等（2005）研究表明，心理所有权是领地行为的心理基础，个体对目标物心理所有权越强烈，产生领地行为感知越强，个体对目标物和社会实体存在着依恋情感；防御和占有属性表明，对目标物的领地行为会导致个体主要通过标记和防御行为来实现对领地的社会性构建。员工对目标物的占有欲越强烈，领地行为就会越明显。个体为了构建和维系领地，一方面会做出标记行为（标记领土的边界并对其拥有所有权），如将自己的观点进行声明，表明最早是自己提出的。另一方面采取防御行为（如果组织成员认为他 / 她的领地被其他人“入侵”，他 / 她将采取各种措施保卫领地），比如对知识进行保留和隐藏。

根据 Ajzen（1991）的计划行为理论，信念和认知是预测行为的重要因素，领地认知可能在预测个人是否会进行知识隐藏方面发挥重要作用。领地认知包括个人对谁可以进入或离开该领地的看法或信念，或者允许在该领地内进行的活动类型（Taylor, 1998）。尽管学者们对“领地”有不同的定义，但是大多数认为领地有两个基本原则：对领地的依附以及对领地的占有和防御。

拥有所有权的个人将会对知识产生强烈的依附，如果员工产生并拥有某个特定的想法或知识，那么该知识会被视为他 / 她的领地。如果员工具有较高水平的领地行为，将不愿意与他人分享他 / 她的知识，面对同事的知识请求时，更有可能进行知识隐藏。对领地丢失产生的恐惧会导致个体更加看重对目标物的拥有，短期内会进一步阻碍员工与组织内同事合作与分享知识，甚至牺牲自己长期的工作绩效。因此，领地行为高的人更倾向于隐藏知识，因此，得出以下假设：

假设 2：领地行为对知识隐藏具有正（+）的影响。

（三）组织政治知觉和知识隐藏

在组织内各层面及其不同的发展阶段，政治行为无处不在。政治行为被认为是未经组织批准的自私行为，是为了个人短期和长期利益最大化的自私行为，对组织的正常运行和健康发展具有不利影响，组织行为容易引起组织内部人际关系不和、矛盾和冲突等后果。直到 Ferris & Judge（1991）将直觉概念引入组织政治的研究中，组织政治知觉概念才逐步引起很多学者的关注。

组织政治知觉是一种社会影响的过程，其行为的设计是为了短期或长期的自身利益最大化，这种利益要么与他人利益一致，要么牺牲他人的利益。组织中资源的稀缺性和利益主体的多样性不可避免地引发竞争，各利益主体总会采取手段使自己获取的利益最大化，所以组织政治行为及组织政治知觉普遍存在于组织中。

很多学者的研究指出不是真实的组织政治行为而是员工对工作场所的政治性感知会对组织绩效产生更为重要的影响。Ferris 等（1989）对组织政治由客观现象的研究转为对主管感知的研究——组织政治知觉。由于个体主观感知比具有隐蔽性的实际行为更易测量，与组织实际政治行为相比，组织政治知觉对员工态度和行为的影响更大。通过梳理现有文献发现，一个人对组织政治的看法有三种方式：①员工可以退出该组织，也可能会留在组织中并尝试参与组织政治活动；②他们仍然留在组织中，是组织成员，但是不参与组织政治活动；③那些决定参与组织政治的人可能会通过努力获得对组织环境的某种程度的控制。Dulebohn（1997）认为：员工参与各种行为，包括政治行为，以维持他们对组织环境的个人权力和支配力。Rosen，Levy，& Hall（2006）指出当员工感知到工作场所的政治性时，可能觉得组织公正性已经减弱，并且认为组织的绩效评定标准、奖惩等制度是基于地位、权力和人际关系等非贡献性因素（nonmerit-based factors）而非员工的实际贡献制定的。

由于组织政治水平较高，员工容易拒绝分享知识，理由如下：首先，员工可能会隐藏知识，以保护他们在组织竞争环境中的自身利益。员工在面对同事的知识请求时会进行知识隐藏以获取在组织中的政治优势，因为知识被认为是组织中最重要的资本（Gilmore，Ferris，Dulebohn，& Harrell-Cook，1996）。其次，员工可能将知识隐藏视为自我保护和防御措施。员工可能会担心以良好的意愿分享知识可能会在政治环境中造成意外结果，出现“好心办坏事”的情况。最后，由于处于较高组织政治水平的环境中，员工之间缺乏信任，甚至人际关系不和谐，很多员工会本着“多一事不如少一事”的原则，与同事之间的交流沟通会变少，更加缺乏知识共享的动机和意图。

根据社会交换理论，组织政治行为导致的资源分配决策的不公平会破坏员工与组织以及员工与员工之间的社会交换关系。当员工面临晋升和职业发展等稀有资源的竞争时，会通过各种途径来影响上级做出对自己有利的资源分配决策。

因此，根据以前的研究，组织中资源的稀缺性和不同利益主体诉求的多样性会产生竞争关系，各利益主体为了实现获得奖励、职位晋升等个体利益总会采取各种手段，所以，组织中普遍存在组织政治行为。本研究认为在高度政治化的组织中，员工更有可能隐藏自己的知识。

假设 3：组织政治知觉对知识隐藏有正（+）的影响。

（四）知识隐藏和创造力

知识共享对员工创造力行为的影响是创造力研究领域的主要课题。员工必须有动力分享他们的知识，以此作为促进其与他人共同创造价值的手段（Perry Smith，2006）。知识共享是产生创造力的重要条件。知识隐藏是面对同事的知识请求，刻意隐瞒或回避的行为，这会对诸如创造力等有利于促进组织发展的因素构成威胁（Connelly et al.，2012）。Connelly 等（2012）表明知识隐藏不同于缺乏知识共享，是故意隐瞒对方的知识请求，具有主观倾向。由于知识共享可以增强员工的创造力，同事间知识隐藏可能会抑制员工的创造力。

基于社会交换理论，互惠规范和人际互动使员工在知识隐藏中具有重要作用。Černe 等（2014）通过对 34 个团队、共 240 名知识型组织员工的纵向研究表明，短期内知识隐藏对知识请求者的创造力有消极影响，长期来看，知识隐藏对初始知识隐藏者的创造力也会产生消极影响。

知识隐藏者和知识请求者之间存在一种不信任的循环。Černe 等（2014）研究表明当知识请求者感知到知识所有者的知识隐藏行为后，会倾向于对其产生不信任感，日后如有可能会对初始隐藏者采取进一步的知识隐藏行为进行报复，也会对初始隐藏者的创造力产生不利影响。例如，当员工 A 面对员工 B 的知识请求选择故意隐藏时，如果员工 B 得知员工 A 隐藏了他 / 她所需求的知识，由于员工 B 想要对员工 A 的不信任进行报复，在面对员工 A 的知识请求时，也会选择隐藏行为，如此就进一步抑制了初始隐藏者（员工 A）的创造力。

由于创造性解决问题和完成任务需要具有一定程度的经验知识。因此，知识隐藏可能会对员工利用现有知识创建新的知识形成负面影响。负向互惠也存在于组织氛围中，当一个人察觉到另一个人的负面行为或不当行为时，例如故意隐瞒信息或知识，他 / 她可能会觉得后者不值得信任（不信任）。对一个人的不信任会导致对方的报复行为。经验研究表明，员工经常会对作用于自己的反生产行为进行报复，因为这样能让他/她们感受到心理平衡，或者让他/她们在社交场合惩罚不公平的行为者。

社会交换过程中的基本原则是互惠原则（norm of reciprocity），个体通常会按照感知到的对方如何对待自己而来选择对等措施来对待他人，受到对方帮助，在面对对方的需求时也会施以援手，反之亦然，这种行事原则是人际之间交往的自然结果。组织中的员工默认的互惠准则作为人际交往的基础，员工之间积极信任有助于在组织内形成良好的社会交换关系，消极信任则与之相反。员工在积极信任的互惠关系中更容易形成合作分享的社会关系，进一步强化通过知识自愿共享形成自觉交换、信任和互助意识；这种社会关系还会潜移默化地传递给更多与其有网络关系的人，从而形成更大的社会交换关系网络。反之，在相互不信任关系中，个体会将感知到这种关系带来的不合作甚至敌意的态度再反馈给发出者。当知识请求者和知识所有者之间由于地位、知识规模等存在较大差距时，即使发出知识请求，知识所有者基于互惠原则也会选择隐藏自己的知识，于是，发出者和接受者之间开始建立起“不信任循环”（distrust loop）。

知识隐藏在短期内对知识请求者的创造力有负面影响；长期来看由于知识隐藏者无法有效获得来自同事或组织的知识，自己现有知识体系得不到更新，也会对隐藏者的创造力产生负面影响，甚至影响更大。知识请求者和知识所有者之间因为不信任循环单方面影响了他们的顺畅沟通渠道，而在其他情境中知识请求者并不会对于向他请求知识的人进行隐藏，还会和其他人积极进行知识互惠和共享，进而提高双方的创造力和绩效水平。当知识请求者感知到知识隐藏者拒绝分享其需求的知识而产生不信任感和心理矛盾后，在不信任循环影响下，此后多次的知识联接都会受到影响。随着拒绝频次的增加和范围的扩大，知识隐藏者越来越缺少了来自他人的对完成工作或创新有帮助的知识，其自身知识不能与其他知识形成互动和交流，容易陈旧和老化，就不能结合既有知识产生出新知识，更不能产生从多角度思考问题的知识体系和创造性解决问题的方案，对知识隐藏者的创造力和绩效水平也会产生负面影响。如果知识持有者长期向知识请求者拒绝分享或者隐藏，双方的不信任感会增加，反馈的不信任感也会增加，不信任循环就会更加明显，个体知识的“孤岛效应”越明显，自身发展所需新知识好比“无源之水”，创造力水平就会不断下降。

互惠的不信任假设的前提是假定知识寻求者更有可能对知识隐藏者进行报

复。当初始知识隐藏者需要知识来提升创造力时，他 / 她更有可能隐藏该领域的相关知识。图 5-2 描述了知识寻求者和隐藏者之间的不信任循环，这种消极互惠的不信任循环是与二元相互作用和社会交换相关的人际机制，是知识隐藏的一个突出因素。这种相互不信任的循环导致了以下假设：

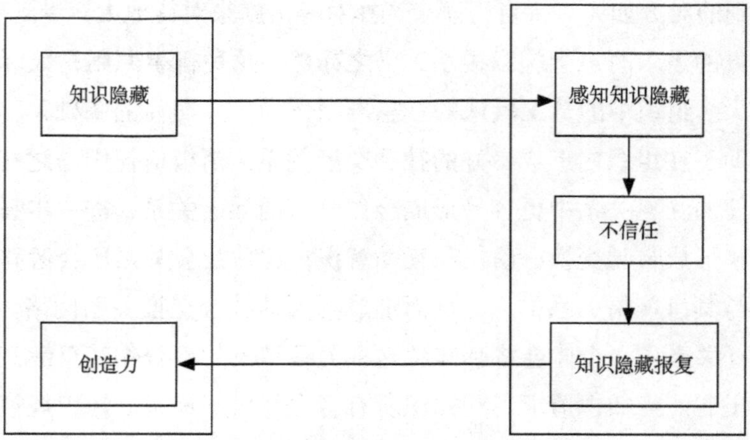

图 5-2　知识隐藏和创造力之间的不信任循环

来源：Černe, Nerstad, Dysvik, & Škerlavaj（2014）。

假设 4：知识隐藏对创造力有负（-）向影响。

（五）知识隐藏和伤害关系

员工的知识隐藏行为将对他们各自对此行为的反应产生影响。前因研究将自我建构与广泛的观念和结果联系起来，以解释个体如何对不公正做出反应并进行社会比较，对拒绝的反应会引起情感结果（例如，伤害感情、愤怒和悲伤）和报复动机（例如，离职动机、退出和反社会反应），不同事件的发生会导致反应的不同（Connelly & Zweig, 2015）。

虽然反生产行为（说谎、欺骗和反社会行为等）和知识隐藏在某些特定的情况下都是消极行为，但是它们之间也存在很多差异。例如，欺骗是"发送者故意传递的信息，以致接收者产生错误的想法和结论"（Buller & Burgoon, 1996），并通过扣留和隐藏来实现。然而，知识隐藏中，只有拖延隐藏和装傻涉及欺骗，合理隐藏不涉及欺骗行为。

姜荣萍 & 何亦名（2013）研究指出员工之间人际不信任、消极互惠会直接影响知识隐藏行为程度，员工之间的信任程度越低，消极互惠程度越高，知识隐藏现象越严重。当组织成员处于竞争情境时，员工会优先保护自己的地位和优势，一方面会渴望获得其他同事的知识，另一方面又不愿意分享自己的知识，担心自己在组织中的地位受到威胁，技能被替代。当员工之间竞争加剧时，员工会拒绝与其他同事进行知识共享，即员工之间的人际关系会对知识共享的过程和动机产生直接影响。

以前的研究表明，被拒绝的个人会产生负面影响和反动性动机以进行报复（Richman & Leary，2009），现在的知识隐藏者会招致知识寻求者未来的知识隐藏。在消极的不信任关系中，知识请求者会感知到知识隐藏者不信任带来的不配合甚至会将敌意的态度再反馈给知识请求者。当知识请求者寻求知识时，知识隐藏者为了保护自身的地位和知识优势会本能地拒绝或隐藏自己的知识，于是，知识请求者和知识隐藏者之间开始建立起“不信任循环”。一般而言，当员工认为同事隐藏了他 / 她所需求的知识时，该员工会将知识隐藏行为视为同事拒绝或欺骗他 / 她。因此，知识寻求者会对知识隐藏者产生不信任。Richman & Leary（2009）提出拒绝行为可以根据事件引发不同动机进而导致不同的结果。然而，在拒绝事件发生后，员工可以同时体验反社会需求来保护自己，对拒绝者进行报复，导致双方的关系紧张，甚至会造成伤害，并撤回社交联系以防止进一步拒绝现象的发生。知识隐藏和伤害关系之间的不信任循环如图 5-3 所示。

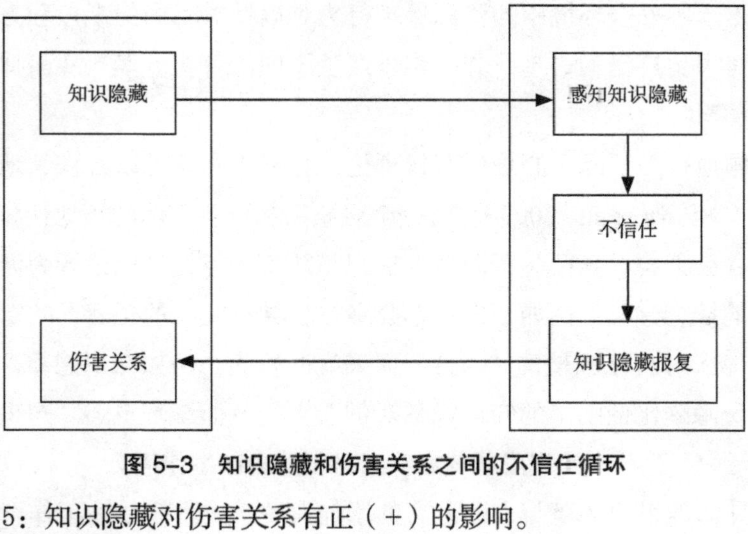

图 5-3　知识隐藏和伤害关系之间的不信任循环

假设 5：知识隐藏对伤害关系有正（+）的影响。

（六）知识隐藏的中介效果

Pierce 等（2001）研究指出，所有权应该从法律和心理两个层面进行全面分析，法律层面的知识所有权是指合同上对所有权归属有明确表述；心理层面的知识所有权是指个体对知识拥有的心理感知，尤其是契约上没有明确规定或表述的知识。

知识心理所有权是指个体认为目标物（知识）属于自己的一种心理状态，目的在于占有和心理控制。对目标物的控制、熟悉和投资是心理所有权产生的三条途径（Pierce et al., 2001）。员工需要投入大量的时间与精力来学习或创造完成工作所需要的知识，对这些知识从陌生到熟悉，并在工作过程中深入地理解和更加熟练地运用加以也需要付出很多努力。因此组织中的员工更倾向对知识产生是“我的”心理认知。

如果个体认同知识心理所有权理论，将会对自己所拥有的知识具有强烈的占有感。个人所持有和通过思考得出的信息、想法和知识倾向于特定的扩展，以提高他们的创造力和绩效水平。创造者和持有者对于知识的价值都有深刻的了解和认知。因此，拥有和持有这些想法和知识的人具有隐藏倾向，以保持自己的创造力和在组织中的地位。

当人们处于一种资源受到损失威胁状态时（比如，领地受到侵犯），会对自己掌握的知识信息进一步加以维系和保护，从而避免因自己所控制的信息资源丢失而产生压力。员工产生创造力的想法往往依赖于不同观点的碰撞和方法融合，员工出于不安全环境中的资源保护行为难以针对不同的观点和方法进行交流，这阻碍了更广泛的心理进程，难以产生不同的解决方案，从而抑制了员工创造力的发挥。

由于领地行为起源于心理所有权理论，心理所有权可以看作领地行为的心理学基础（Brown et al., 2005）。对一个对象物和社会实体的领地性将会导致所属领地的社会架构，其中包括向他人标记和防御的行为。标记行为涉及对象物作为领地的社会建构，例如个人的办公桌在公共空间中的位置，防御行为是个体防止其他人对自己领地的“入侵”而采取的行为，例如知识隐藏。因此，高水平的知识隐藏比低水平的知识隐藏对创造力的负面影响更强。知识心理所有权和领地行为通过其对知识隐藏的影响来对创造力产生作用。

政治导向的组织环境与人际冲突的增加有关，因为政治性工作背景模糊了绩效评价标准和奖励分配政策（Rosen et al，2006）。在政治氛围比较浓厚的组织中，员工为了维持自己在组织中的地位和优势往往会容易做出损人利己的行为来提升绩效和获得奖励。政治性行为容易形成竞争型和对抗型的工作环境，在这种工作环境中会产生紧张感并损害组织成员之间的人际关系，降低相互信任程度，导致知识隐藏意图增加。另外，组织政治可能会对个体的自主性和创造力产生破坏性影响。特别是在政治环境中，组织容易奖励那些“见风使舵”而不是严格按照组织规定认真工作的员工（Kacmar & Carlson，1997）。

刘智强 & 荆波（2008）的研究指出，组织政治知觉容易导致员工的沉默行为。当处于组织政治氛围浓厚的组织时，组织对于员工的意见或行为缺乏包容和理解，当员工感到自己的观点与主流意见不一致时，由于担心自己被孤立和边缘化而保持沉默。Rosen & Tesser（2010）研究指出，当员工经常发表不同意见很有可能被贴上特定标签，组织中的其他同事或上级就会以此标签来判断和评价特定员工，个体的负面标签会使其在组织中人际关系变差，发展受限，所以组织成员都不愿意去发表和传播与组织整体不一致的意见。员工宁愿选择沉默保留自己的看法来保护自己，也不愿被组织和其他同事孤立。

组织政治行为会对组织及其员工产生很多负面影响。Ferris 等（2012）指出，组织政治行为会对员工的组织投入产生负面影响，引发员工产生很多负面工作行为（如迟到、怠工等），并且与组织承诺和组织公民行为有负相关关系。有研究发现约 60% 的组织变化是由发展战略、组织结构和外部环境等因素造成的，约 40% 由处于权力地位的那些人尽可能保持和扩大自己控制力等因素决定。组织结构和层级权限是组织政治行为和斗争的反应和结果。

因此，政治性组织倾向于为了推进组织发展而隐藏自己的知识、感受和想法的“唯命是从”的员工（Hochwarter，Witt，Kacmar，2000）。这种不真实的行为是受趋利避害的心理驱动的，并且会妨碍员工创造力的发挥，造成员工之间关系紧张。根据以上论述，得出以下结论：

假设 6：知识隐藏在知识心理所有权对创造力的影响关系中具有中介效果。

假设 7：知识隐藏在领地行为对创造力的影响关系中具有中介效果。

假设 8：知识隐藏在组织政治知觉对创造力的影响关系中具有中介效果。

假设 9：知识隐藏在知识心理所有权对伤害关系的影响关系中具有中介效果。

假设 10：知识隐藏在领地行为对伤害关系的影响关系中具有中介效果。

假设 11：知识隐藏在组织政治知觉对伤害关系的影响关系中具有中介效果。

（七）社会地位的调节结果

Sorokin（1927）提出了四种类型的地位：①基于收入、商品和财富的经济地位；②基于胁迫、权力和权威的政治地位；③基于技能、学习和教育水平的信息状况；④基于声望、荣誉和尊重的社会地位。社会地位归因于人们拥有属于相同社会群体中其他同事所期待的属性（Wegener & Bernd，1992）。个人在组织中拥有的社会地位的能力得益于其他成员的信念，即个人在该群体中拥有独特的价值。根据社会交换理论和社会困境方面的文献，本研究提出地位高的员工的知识隐藏对个人创造力及伤害关系之间的影响比地位低的员工更强。在本研究中，社会地位是指能够通过增强个人的信心和易于建立社会关系来影响社会交换，这种关系取决于他 / 她拥有资源的多少（Lawler & Thye，1999）。

员工知识对权力的获取和地位的提升有密切关系，知识在组织内个体间的流动或传播会导致权力和地位发生变化。个体拥有有价值的或组织不可或缺的知识能够使组织或其他同事对其形成知识依赖，从而提升自己在组织中的影响力和话语权，显著提升个体在组织中的地位。例如，资深专家的意见和看法往往能够成为组织或团队决策的重要参考和依据。

知识地位的产生前提在于个体能够生产、拥有并控制知识。虽然个体的知识存量不会因为知识的传播和复制而减少，但是随着掌握知识的人越来越多，个体在组织中是可被替代的，知识为个体带来的地位优势逐渐减弱。当个体感觉到自己所拥有或掌握的知识被他人不断占有和获得，会增强其知识地位降低带来的不愉快感；当个体感知到知识属于“我们”或自己所在的小组时，共享知识就属于角色内行为，知识地位或权力损失感会降低。

知识权力是以知识为基础而产生的权力，这种权力在组织内部或工作过程中大部分情况下体现为一种隐形权力。一方面，组织内员工因掌握有价值的知识，通过知识螺旋能够获得相关领域更多的知识，进而转化成隐性权力或显性权力；另一方面，知识权力是由于员工掌握的知识资源不平等，每个员工掌握的知识是其所拥有资源的一部分。当个体面对资源或知识损失时，会有规避损失的倾向。知识权力损失（loss of knowledge power）是指组织成员感知到共享自己掌握的核心知识后，可能会导致自己在组织中失去独特优势和相应地位的心理状态（Kankanhalli et al，2005）。独特的核心知识正是组织成员在组织中赢得尊重、获取组织地位的前提条件，如果组织成员公开或共享自己掌握的核心知识在一定程度上等同于放弃自己在组织中的地位。当个体担心选择知识分享后，自己的独有价值可能会因此而丧失，自己在组织中的优势地位会降低，并且会弱化自己在组织中的权力，因此倾向于选择知识隐藏行为。

知识接受也意味着知识提供者的社会地位，以及判断给定知识的可信度、价值和可靠性，因为社会地位意味着个人拥有与任务相关的资源（Jensen & Roy，2008）。因此，知识隐藏也取决于个人的社会地位以及拥有知识的多少和价值。面对同事的知识请求，个人的知识心理所有权所引发的领地行为可能使其产生知识领地被侵犯和损失的心理。组织中的员工拥有的核心知识和组织发展所需要的知识是个体在组织中获取地位和知识权力的基础。

地位是个人的动力和能力在人际关系中获得认可的体现。如果高地位的成员选择隐藏知识，无论是对于组织还是成员而言都会有很大的负面影响，因为高地位成员是组织中高质量知识的重要来源，其他成员期待他们为实现集体目标贡献自己的专业知识。如果这种期望没有得到满足，会对双方之间的关系造成破坏性影响（Lawler & Thye，1999）。相比之下，其他人可能不太关注那些为组织提供有价值信息的地位较低成员的知识隐藏，因此，选择这种自利的知识处理策略可能不会产生惩罚他人的反应。因此，知识隐藏对于高地位成员的创造力的影响十分显著，因为他们在退出知识交换系统时会对人际关系产生强烈的影响。根据以上结论，得出以下假设：

假设 12：社会地位可以调节知识隐藏对创造力的负影响，随着社会地位的提高它们之间的关系会变强。

假设 13：社会地位调节知识隐藏对伤害关系的正影响，随着社会地位的提高它们之间的关系会变强。

假设 14：社会地位能通过知识隐藏的中介作用，调节知识心理所有权对创造力的影响，当社会地位越高时，中介效果越强。

假设 15：社会地位能通过知识隐藏的中介作用，调节领地行为对创造力的影响，当社会地位越高时，中介效果越强。

假设 16：社会地位能通过知识隐藏的中介作用，调节组织政治知觉对创造力的影响，当社会地位越高时，中介效果越强。

假设 17：社会地位能通过知识隐藏的中介作用，调节知识心理所有权对伤害关系的影响，当社会地位越高时，中介效果越强。

假设 18：社会地位能通过知识隐藏的中介作用，调节领地行为对伤害关系的影响，当社会地位越高时，中介效果越强。

假设 19：社会地位能通过知识隐藏的中介作用，调节组织政治知觉对伤害关系的影响，当社会地位越高时，中介效果越强。

第六章　研究方法

为了验证研究模型和假设，本研究以在知识型组织工作的员工作为调查对象来收集数据。本章介绍了测量和数据收集程序，介绍了选定的问项和相关研究文献以及该研究的样本收集和选择标准。

一、构念的定义和测度

为了提高研究变量的信度和效度，本研究的调查问卷是选择以前经典文献中的现有量表，并根据具体研究情境进行适当修正。研究模型中包含七个独立变数，三个自变量：知识心理所有权、领地行为和组织政治知觉；中介变量：知识隐藏（拖延隐藏、合理隐藏和装傻）；调节变量：社会地位；因变量：创造力和伤害关系。

知识心理所有权。心理所有权是一种心理占有行为，即一个人为实现目标发展出占有欲的心理拥有行为（Dyne & Pierce，2004）。Peng（2013）将心理所有权的概念引入知识管理领域，并对 Dyne & Pierce（2004）开发的量表进行修正，问项如："与工作有关的知识、技能等是我个人的知识""我对这些知识拥有高度的所有权"和"我感觉这是我的知识"。

领地行为。领地行为发源于生物学和动物学研究领域。Brown 等（2005）将领地行为概念引入组织行为领域，并将其定义为个人对物理的或社会的对象物的所有权的行为表达。Peng（2013）开发的 4 项调查问卷测量领地行为，例如："我需要保护我的知识 / 想法，以防止被组织中其他人所用""我认为应该先得到我的允许才能使用我所提供的信息或想法"等。

组织政治知觉。政治活动是发挥社会影响力，促进或保护自身利益的一种手段。根据 Kacmar & Ferris（1991）的研究，组织政治知觉测度（POPS）包含 3 个构成要素：一般政治行为、保持沉默静待的好处及政治性薪酬和晋升政策，包括 15 个问项，例如："在组织中，有人会踩着别人提高自己的位置""所在单位鼓励大家积极建言献策，甚至允许对由来已久的政策规定提出批评和改进意见（反向计分问项）”和“我入职以来，所在部门的薪酬和提拔都按规定来执行，没人玩弄权术（反向计分问项）”等。

知识隐藏。由于对于知识隐藏的关注和研究较少，对于开发知识隐藏量表的研究成果也非常少。通过梳理现有文献发现：主要存在单维结构、二维结构和三维结构。由于学者们的研究受社会文化因素的影响，所以对于知识隐藏的认知有一定的差异。①三维结构。Connelly 等（2012）开发出知识隐藏的三维结构，共计 12 个问项的量表，每个维度含有 4 个问项。②二维结构。赵婷（2013）以 Connelly 等（2012）开发的 12 个问项为基础，通过 KMO 值和 Bartlett’s 球形检验结果删除了 4 个在中国文化背景下有歧义的问项，最终得到 8 个问项，将其命名为主动隐藏和被动隐藏两个维度。③单维结构。Peng（2012）在工作场所反生产行为对中国知识型员工的影响研究中，开发了一项基于独特中国文化背景的 3 个测度的量表，包括不愿意将个体的知识和技能转化成组织的知识、不愿意与别人分享自己拥有的创新成就、不愿意与同事分享有价值的知识。

综上所述，现有文献对知识隐藏的维度和测度并没有形成统一的认识，相关学者分别认为知识隐藏是一个三维、二维和单维的构念。目前学术界普遍认可和采纳的是 Connelly 等（2012）提出的三维结构与测量方式。因此本研究采用 Connelly 等（2012）提出的知识隐藏三维结构（装傻、拖延隐藏和合理隐藏）的测量方式。

总之，目前在测量过程中大多采用自我报告方式，即让被测试者评价自动的知识隐藏情况。知识隐藏动机更多是基于自我心理状态和自身利益出发，很难通过他人来评价（同事及上司等）。虽然自我报告的测量方法很可能造成结果的同源偏差（Common Method Variance，CMV），但对知识隐藏行为的测量可以通过 Harman 的单一因子检测法（Harman’s single-factor test）等方法对同源偏差问题进行检验和控制。

创造力是通过在复杂社会系统中共同工作的个人创造有价值的、有用的新产品、服务、想法和程序的过程（Zhou & George，2001）。创造力是根据 Zhou & George（2001）开发的 13 个问项来测量的，其中包括：“我会建议采用新的方法来达成目标”“我能提出完成工作任务的新方法”等。

伤害关系。出于本研究的目的，Connelly 和 Zweig（2015）开发了一个 4 问项量表，用于评估与同事之间知识请求关系的潜在损害。问项如：“如若同事向我知识隐藏，会对我们的关系有消极影响”“如若同事向我知识隐藏，会降低我对同事的信任度”等。

社会地位。社会地位指的是个体在特定组织或环境中社会等级内的一个或多个社会维度的相对等级（Mattan et al.，2017）。在本研究中，采用 Flynn（2003）和 Anderson 等（2001）开发的测定量表，旨在评估个人在一个群体中的地位和影响程度。3 个问项包括：“我在组织中受重视的程度较高”“我对所属组织做的贡献受到的关注和重视较高”“我对工作上的决定具有很大的影响力”。

在设计问卷的过程中，我们要求受访者填写 5 级李克特量表，其中 1 表示“非常不同意”，5 表示“非常同意”。为了提高问项的准确性，有较好的可信度，我们采用中英文反向翻译成中文量表（Brislin，1970）后对量表进行本土化表达和修订，并根据受访者的反馈和建议，进行了若干的修订，这些问项在 80 个随机选择的样本测试中进行了检测和验证，以提高问卷的可理解程度。问卷的问项及其来源如表 6-1 所示。

表 6-1　变数的问项及出处

变量名称	问项	参考文献
知识心理所有权	1. 与工作有关的知识、技能等是我个人的知识	Van Dyne & Pierce，（2004）
	2. 我对与工作有关的知识、技能等拥有高度所有权	
	3. 我感觉这些是我的知识	
领地行为	1. 我需要保护我的想法 / 知识，以防为组织中其他人所用	Avey et al.，2009
	2. 我认为应该先得到我的允许才能使用我提供的信息或想法	
	3. 我觉得即使是在一起工作的同事也不应该打扰彼此的工作空间	
	4. 我觉得我有必要告诉组织成员不要（随意）使用我的个人信息、主意和诀窍	
组织政治知觉	1. 在组织中，有人会踩着别人提高自己的地位	Kacmar & Carlson，（1997）
	2. 所在部门中会有让别的同事望而生畏的群体存在	
	3. 所在单位鼓励大家积极建言献策，甚至允许对由来已久的政策规定提出批评和改进意见	
	4. 只会对领导唯命是从的人在单位是不受欢迎的，单位鼓励大胆提出建设性意见，哪怕是和领导有不同的看法	
	5. 所在单位最好的生存之道是跟随权势	
	6. 所在单位做事情的方法最好是按部就班、循规蹈矩	
	7. 有时跟现有制度较劲不如抱着明哲保身的态度保持沉默来得简单	
	8. 所在单位有时实话实说不如“糖衣炮弹”结果更好	

续表

变量名称	问项	参考文献
组织政治知觉	9. 所在单位等待命令做事比自己决定做事更安全	Kacmar & Carlson，（1997）
	10. 我入职以来，所在部门的薪酬和提拔都按规定来执行，没人玩弄权术	
	11. 据我所知，所在单位的加薪和提拔都是按规定执行的	
	12. 在所在单位现有体制下，即使我符合条件也很难得到奖励	
	13. 所在单位的薪酬和晋升制度执行起来会有所出入	
	14. 所在单位没有关于员工加薪和晋升制度的明确规定	
	15. 所在单位人员的晋升或提拔，并不是靠真才实学或所做贡献，而是靠关系和手段谋得的	
知识隐藏	1. 当同事向我询问某些知识时，我可能会同意帮助他，但并不真的打算这样做	Conelly et al.，（2012）
	2. 当同事向我询问知识时，我会装作不知道他在说什么	
	3. 当同事向我询问知识时，我会装作不知道这项信息	
	4. 当同事向我询问知识时，我会告知他我的上司不许和任何人分享该知识	
	5. 当同事向我询问知识时，我会说我不知道，尽管我知道	
	6. 当同事向我询问知识时，我会说我不会回答他的问题	
	7. 当同事向我询问某些知识时，我可能会说我对这个话题所知不多	
	8. 当同事向我询问某些知识时，我可能会同意帮助他，但会给出与其所需不同的知识	
	9. 当同事向我询问知识时，我会告诉他一些其他信息代替他真正想知道的	
	10. 当同事向我询问某些知识时，我可能会解释我愿意告知他，但有人不希望我这样做	
	11. 当同事向我询问知识时，我会告知他稍后会帮助他，但尽量拖延	
	12. 当同事向我询问知识时，我会解释这项信息是机密的，只有特定项目的相关人员才可以获得	
创造力	1. 我会建议采用新的方法来达成目标	Zhou & George（2001）
	2. 我会提出新的、实际的想法来提升绩效	
	3. 我能找到新的技术、流程、方法或产品设想	
	4. 我会建议采用新的方法提升产品质量	
	5. 我常有创新的想法	
	6. 在工作中我不怕担风险	
	7. 我向他人推广和宣传使用新的方法	
	8. 如果有机会，我会在工作中展现出创造力	
	9. 我会为了新想法的实施而制订适当的计划和时间表	
	10. 我经常会有新颖的、有创意的想法	
	11. 我能提出创造性的问题解决方案	
	12. 我经常会有解决问题的新方法	
	13. 我能提出完成工作任务的新方法	
伤害关系	1. 如若同事向我知识隐藏，会对我们的关系有消极影响	Conelly & Zweig（2015）
	2. 如若同事向我知识隐藏，会降低我对同事的信任度	
	3. 如若同事向我知识隐藏，会暂时影响我们的关系	
	4. 同事向我隐藏知识的话，我会不喜欢他 / 她	
社会地位	1. 我在组织中受重视的程度较高	Flynn（2003）
	2. 我对所属组织做的贡献受到的关注度较高	
	3. 我对工作上的决定具有很大的影响力	

二、问卷设计

1. 问卷设计流程

结合研究范式和客观条件，本研究采用的问卷调查法和访谈法进行数据收集和分析工作。为了保障问卷的效度和信度及收集数据的质量，严格按照研究范式对问卷进行设计，设计思路如下所示：

首先，采用比较成熟和引用比较多的问项。参考和整理国内外高水平的研究论文、专著等成果，选择在已有研究中被知名学术期刊论文和大多数学者引用和使用较多的成熟量表，寻找出与本研究变量相关的问项。

其次，由于东西方文化差异，在选取国内外成熟量表时需要充分考虑中国的文化背景，选择针对本土情境的量表。另外，对于外文文献中的成熟量表，为确保内容的精确和适合中国受访者作答，请知名专家和学者采用回译以减少由于语义部分或歧义等带来的理解误差。

最后，针对专家意见和建议进行适当修改，先请一些知识型组织员工做一些测试，直到没有分歧为止，再加上关于调查对象的人口统计学特征（如性别、教育水平、职级等），以及适当的修饰用语，最终形成关于本研究的调查问卷。

2. 问卷设计内容

第一部分，主要调查受访者的人口统计学特征：性别、年龄、工作时间、岗位性质、结婚与否特征。性别方面：有研究表明男性比女性在工作过程中对目标和绩效的追求更积极，与男性相比女性更乐于分享自己掌握的知识；岗位性质以研发和职能管理为主，以知识型员工作为调查对象，研发人员和管理者作为脑力劳动者，在工作过程中高度依赖知识和技能的价值，且研发人员多以项目团队形式开展工作，知识能够在充分流动中产生价值；工作时间及在目前组织中的任期，分别考虑到工龄长短带来的高价值知识的积累及同事之间关系的亲疏产生的影响。

第二部分，知识心理所有权量表共有 3 个题项，假设以当你将知识分享给同事时的实际心理感受为情境；领地行为量表共有 4 个题项，以对知识的拥有和占有程度为依据；组织政治知觉量表共有 15 个题项，以所在组织的政治感知程度为情境假设；知识隐藏量表有三个维度共有 12 个题项，测量以假设一位同事向你寻求知识帮助为情境；创造力量表共计 13 个题项，以对于现行的方法流程有多大程度的改变和优化为情境假设；伤害关系量表共有 4 个题项，以感知或发现对方向自己隐藏知识后对两人人际关系的影响为情境假设；社会地位量表共有 3 个题项，组织没有明确的任命但是以自己在同事中的威望和受尊敬程度为情境假设。同时，为了减少在回答问卷过程中产生歧义，所有题项均采用封闭式单向选择且必填方式。

三、研究对象和数据收集

本研究是为了探索组织成员在面对某一同事具体的知识请求时，选择知识隐藏行为的动机和原因，以及个体的知识心理所有权和领地行为对知识隐藏的影响的作用机制，预期通过实证分析寻找出减少知识隐藏的对策等。

为了达到研究目的，本研究首先确定以组织内的知识型员工或知识型组织内的员工为访谈和调查对象。知识型员工至少具有以下五种特征，一是学习能力强，具有一定专业特长；二是具有较强的成就取向，强烈期望得到社会的认可和尊重；三是工作自主性较强，倾向于拥有自主的工作环境；四是以脑力劳动为主，具有较强的创造性，工作价值常常以某种文字报告或创意的形式出现；五是维权意识较强，更在意与组织的劳动契约与心理契约的履行情况。这些特征必定会影响知识型员工知识隐藏行为的动机以及行为表现，在考虑到这些特点后，知识型员工的知识隐藏行为可能与一般员工的知识隐藏行为具有显著差异（朱方伟，2001）。

本研究的调查对象是在高新技术企业工作的研发人员以及各类职能管理人员。首先 R&D 公司研发人员是典型的知识型人才，研发人员之间的知识流动和共享对整个项目甚至组织的发展起着决定性作用。由于这些员工在知识密集型企业工作，因此与其他行业相比，他们通常倾向于认为自己所拥有的知识无论对于现有工作还是对于企业未来发展而言都非常重要；另外，职能管理人员经过多年的工作经验积累，他们所掌握的管理知识和沟通能力，在团队的沟通合作以及应对组织不确定性因素方面起到很大作用。因此，将两者作为本研究的目标群体。

由于受客观条件的限制，本研究的调查问卷采用电子版和纸质版同时进行。电子版调查问卷主要面向北京、广州和深圳三地的电子研发、互联网、银行业的工作人员，主要通过问卷星、微信等方式提前与被调查者沟通说明，对有疑问的地方进行解释说明后再发送电子版；纸质版只面向北京本地的相关企业员工。由于很多同学和朋友在上述企业工作，基于彼此信任关系和对我做学术研究的支持，使问卷填写的完整性和质量得以保障。

为了收集当前研究所需的样本，调动受访者的积极性，会给每位回答问卷的人一些小额金钱或物质激励（约 10 元）。这些激励措施可以提高问卷的回收率，并不妨碍样本的组成和数据质量。正式的调查于 2019 年 2 月 15 日至 4 月 15 日进行，共收集了 375 份问卷，由于问卷回答不完整或有破损，删除了 64 个样本，最终收集到的有效问卷有 311 份，这个样本数量可以用于使用结构方程模型（SEM）进行分析。

前因研究证明，个体差异（如教育水平）可能会影响员工的知识行为（Wang & Noe，2010）。现有研究还表明，性别、年龄和工作类型可能会影响组织中的行为。因此，控制可能对测试变量产生潜在影响的因素非常重要。在当前分析中，设置了以下变量：性别、婚姻（已婚 = 1，未婚 = 0）、年龄、教育程度、工作类型（科研 = 1，其他 = 0）和工作经验（见表 6-2）。使用 SPSS 的回归分析来控制个体差异的影响。

表 6-2 人口统计学特征

变量	项目	频率（名）	比例（%）
性别	男	163	52.4
	女	148	47.6
婚姻	已婚	191	61.4
	未婚	120	38.6
年龄	20—25 岁	50	16.1
	26—31 岁	175	56.3
	32—37 岁	62	19.9
	38—45 岁	13	4.2
	45 岁以上	11	3.5
教育程度	高中及中专	13	4.2
	大专	25	8.0
	大学	186	59.8
	硕士	51	16.4
	博士	36	11.6
工作类型	研发	149	47.9
	服务	48	15.4
	销售	31	10.0
	制造	83	26.7
工作经验	不到 1 年	65	20.9
	1—3 年	133	42.8
	4—6 年	34	10.9
	7—10 年	32	10.3
	10 年以上	47	15.1

在现有受访者中，共有 52.4%（n=163）为男性，47.6%（n=148）为女性；56.3%（n=175）的受访者年龄介于 26—31 岁之间；大学学历的受访者最多，占

比高达 59.8%（*n*=186）；大部分受访者从事的是知识密集型的科研岗位，因此包含很多核心知识，为后续的理论研究和数据分析提供了有效的样本基础。

四、结构方程模型

结构方程模型（structural equation modeling，SEM）是一种基于变量的协方差矩阵，用来建立、估计和检验变量间关系的统计方法。SEM 中包含随机变量（random variable）和结构参数（structural parameters），结构变量包含三种类型：观察变量（observed variable）、潜在变量（latent variable）和干扰 / 误差变量（disturbance/error variable）。

结构方程模型可以检验个别测验题项的测量误差，并将测量误差从题项的变异量中抽离出来，使因素负荷量具有较高的精准度。对整体共同因素的模型进行统计上的评估，了解理论所构建的共同因素模型与研究者实际收集的数据是否拟合，可以进行整个模型适配度的检验。所以说结构方程模型是一种理论模型检验的统计方法。结构方程模型是一种可以将测量与分析整合为一体的计量研究技术，它可以同时估计模型中的测量指标、潜在变量，不仅可以估计测量过程中指标变量的测量误差，也可以评估测度的信度与效度。

SEM 模型的分析也是潜在变量模型，主要用于分析观察变量之间的复杂关系，潜在变量是无法直接观察和测量的构念，如态度、动机和意图等，这些无法观察到的构念可以借由一组观察变量（指标）来测量。SEM 分析的核心是变量的协方差。利用变量间的协方差矩阵，观察多个连续变量间的关联情形，这是 SEM 的描述性功能；另外 SEM 可以反映出理论模型所导出的协方差与实际数据的协方差间的差异，这是 SEM 的验证性功能。

1. 测量模型

测量模型由潜在变量与观察变量组成，是一组观察变量的线性函数。观察变量是量表或问卷等测量工具所得的数据，潜在变量是观察变量间所形成的特质或抽象概念。要通过观察变量测得的数据资料来反映。在 SEM 分析过程中，一个潜在变量必须以两个观察变量来估计，不同观察变量间的协方差，反映了潜在变量的共同影响。

2. 结构模型

结构模型是潜在变量间因果关系模型的说明，作为因的潜在变量成为外因潜在变量（自变量），作为果的潜在变量成为内因潜在变量（因变量）。外因潜在变量对内因潜在变量的解释会受到其他因素的影响，此影响因素称为干扰潜在变量。

结构方程模型包括几个测量模型及一个结构模型。同样一个变量的组合有许多种可能性，不同的关系模型代表特定的理论意义。在 SEM 分析中，由于需要设计数个测量模型及一个结构模型，变量间的关系较复杂，变量间关系的建立要有坚强的理论为依据，模型界定时必须遵循简约原则。

3. 参数估计方法

结构方程模型分析中有 7 种模型估计方法，但使用最广泛的估计模型方法是极大似然法（Maximun Likelihood Estimate，MLE）。极大似然法中的观察数据都是从总体中抽取的，且所抽取的样本必须是所有样本中最可能被选择的，估计的参数能反映总体的参数。在正态分布且大样本中，ML 估计值、标准误差和卡方值的检验结果都是可信的。

第七章　数据分析和结果检测

一、测量模型

（一）信度检测

根据 Anderson & Gerbing（1988）的研究，本研究采用两步法分析模型。首先检测测量模型，检验其构造的信度和效度。其次分析结构模型以测试模型拟合度和研究假设。在基于问卷数据的实证研究设计中，问卷的信度主要体现为数据的内部一致性。通常研究采用 Cronbach's α 的取值来判定问卷数据的内部一致性情况。管理学领域将 Cronbach's α 值大于 0.6 作为研究的信度评价标准。

在分析过程中，通过 SPSS 22.0 检测了变数的信度，所有的变数的 Cronbach's α 如表 7-1 所示，各变数的信度值介于 0.76—0.94 之间，远远超过 Cronbach's α>0.6 的标准。

表 7-1　变数的信度

变数	问项数	Cronbach's α
知识心理所有权（KPO）	3	0.83
领地行为（TE）	3	0.77
组织政治知觉（POP）	5	0.76
知识隐藏（KH）	8	0.94
创造力（CA）	6	0.85
伤害关系（HR）	3	0.86
社会地位（SS）	3	0.85

（二）效度的检测

调查问卷的量表效度检验通常需要关注内容和结构效度。因为测量误差的存在，研究者需要使用多个测度项。当使用多个测度项之后，我们就有测度项的质量问题，即效度检验。效度检验就是看一个测度项是否与其所设计的因子有显著的载荷，并与其不相干的因子没有显著的载荷。本研究所采用的问项主要来自经过验证的量表，其内容效度得到明确的认定。效度指的是“问了该问的问题”反映了量表的合理性和稳定性，通常可以通过聚合效度和区分效度展开。本研究通过验证性因子分析实现对量表结构效度的判定。

验证性因子分析（Confirmatory Factor Analysis，CFA）试图检验观测变量的因子个数和因子载荷是否与基于预先建立的理论的预期一致。研究者的先验假设是每个因子都与一个具体的指示变量集对应。验证性因子分析的主要目的是决定事前定义因子的模型拟合实际数据的能力，以试图检验观测变量的因子个数和因子载荷是否与基于预先建立的理论的预期一致。指标变量是基于先验理论选出的，而因子分析是用来看他们是否如预期的一样。其先验假设是每一个因子都与一个具体的指标变量子集对应，并且至少要求预先建设模型中因子的数目，有时候也预测哪些变量依赖哪个因子（周晓宏 & 郭文静，2008）。

通过进行验证性因子分析（CFA）来检测这七个变数的判别效度和构建信度。使用 AMOS 22.0 估算 CFA 测量模型并得出似然比卡方统计量（x^2）、均方根残差（RMR）、比较拟合指数（CFI）、拟合度指数（GFI）、Tucker -Lewis 指数（TLI）和近似的均方根误差（RMSEA）（Anderson & Gerbing，1988）。

共同方法偏差（Common Method Biases）指的是由于相同的评分者回答因变量、自变量问项、同样的测量环境、项目语境以及项目本身特征所造成的预测变量与实际测量之间的差异（周浩 & 龙利荣，2004）。共同方法偏差存在于管理学、组织行为学等社会科学研究中特别是广泛存在于通过采用问卷调查数据的过程中。减弱共同方法偏差的方法分为两种：程序控制和统计控制。程序控制指的是研究者在研究设计与调查对象答题或评分过程中采取的方法或措施，比如不同来源的问项，没有明显的提示性词语，保护被测者的隐私、减少对测量目的的语言诱导和改进量表项目等。因为这些程序控制方法是直接针对共同方法偏差的来源设计的，所以研究者在问卷设计过程或调查对象在回答问题及评分过程中首先应该考虑采用程序控制。如果因为客观环境限制，无法实施程序控制方法，或者共同方法偏差的作用没有减弱，无法消除由此产生的偏差，这个时候就需要采用统计控制的方法在数据分析时来对共同方法偏差有效进行检验和控制（周浩 & 龙利荣，2004）。Podsakoff 等（2003）指出为了减少共同方法偏差的影响，首先在设计问卷时应尽量选择有代表性和比较成熟的量表，因为这种量表经过多次检验，具有较高信度和效度。同时能尽可能避免出现具有明显倾向和期待的条目并减少语言出现歧义或让应答者不理解的情况；其次采用匿名方式回答问卷，在问卷开始回答之前加一段说明内容，使回答者对问题有深入的了解，在一定程度上可减少回答者在填写问卷时出现不理解而草率回答的情况。

由于每个调查对象单独来填写每份问卷的所有题项，这种情况会容易出现共同方法偏差的问题。为了解决可能会出现共同方法偏差的问题，本研究采用Harman单因子方法来检验是否存在共同方法偏差现象。假设如果大量存在方法变异，进行因子分析时，要么分析单独一个因子，要么用一个公因子解释大部分变量变异。把所有的变量放到一个探索性因素分析中，检验未旋转的因素分析结果，确定解释变量变异必需的最少因子数，如果只分析出一个因子或某个因子的解释程度特别明显，就可以判定存在严重的共同方法偏差（Livingstone，Nelson，& Barr，1997）。现在主流研究采用验证性因素分析更普遍，设定公因子数为1，可以对研究假设做更加精确的检验，从而用单一因子解释了所有变异。为了进一步测定共同方法偏差（CMV），进行Harman的单因素检验，把所有变量的条目放在一起进行未旋转的因子分析，以从统计方法上控制检验共同方法偏差对研究结果的干扰和影响。

Harman单因素检验的最大优点是简单易用，只有当单独一个因子从因素中分析出并解释了大部分的变量变异时，才有理由认为存在严重的共同方法偏差，Harman单因素检验是最常用的一种方法。Harman的单因素检验结果如表7-2所示。

表7-2　Harman的单因素检验结果

模型	x^2	*df*	x^2/df	*P*	RMR	GFI	CFI	TLI	RMSEA
单因素	2842.43	442	6.43	0	0.09	0.59	0.64	0.49	0.13
三因素	1515.71	425	3.57	0	0.07	0.68	0.73	0.71	0.11
五因素	1285.90	415	3.09	0	0.06	0.76	0.83	0.81	0.08
七因素	1017.71	407	2.50	0	0.05	0.83	0.88	0.87	0.07

单因子模型：与完整测量的七因子模型相比，单因子模型表示所有变量组合成单个因子。

三因子模型：组织政治知觉、知识心理所有感和领地行为；知识隐藏和伤害关系；社会地位和创造力各组成一个变数。

五因子模型：组织政治知觉、知识心理所有感和领地行为组成一个变数；知识隐藏、社会地位、创造力、伤害关系是另外四个变数。

验证性因子分析是考察理论假设模型与观察资料间的一致性，即理论模型与真实模型的拟合度是否一致及差异程度。检验指标为结构方程模型拟合指数，按照功能侧重点的不同衍生出三大类拟合指数：①绝对拟合统计量，包括卡方值、RMR、SRMR、RMSEA、GFI、CFI等；②相对拟合统计量（增值拟合统计量），包括NFI、NNFI、RFI、IFI、CFI等；常用的拟合度评价指标标准如表7-3所示。

表7-3　结构方程模型拟合度的评价指标和标准

拟合指数	观测值	参考值	出处
$\chi 2/d.f.$	2.50	适合（<3）	Fornell & Larcker（1981）；Bentler（1990）
TLI	0.87	适合（>0.80）	
RMR	0.045	适合（<0.80）	
GFI	0.83	适合（>0.90）	
CFI	0.88	适合（>0.90）	
RMSEA	0.075	适合（<0.80）	

结果表明，与其他三种替代模型相比，七因子模型具有最佳拟合度。拟合度指数中，RMSEA和RMR的值一般小于0.08，CFI和TLI的值大于0.90被认为数据和模型的拟合度很好（Bentler，1990）。本研究中RMSEA=0.075，RMR=0.045，说明此模型的拟合度比较理想，CFI=0.88,TLI=0.87，非常接近0.9，因此可以看出研究模型的拟合度处于可接受的范围。

聚合效度（convergent validity）是指对于一个构念，如果它的测度项都一致地反映了这个构念，这个构念就具有聚合效度。也可以理解为同属一个因子的测度项之间具有高度相关性，这也是聚合效度。在验证性因子分析中，主要考察变量是因素载荷值。各测量指标的因素载荷值 λ 取值介于 0.5 ~ 0.9 时，说明测量项目质量良好。根据各指标的因素载荷值可以计算出潜在变量的组合信度（Composite Reliability，CR），组合信度检验每一个潜在变量的测量指标间内部一致性程度的高低，潜在变量的组合信度（C.R）>0.7，表明该模型潜在变量的内在质量处于理想状态。另一个指标是平均方差抽取量（Average Variance Extracted，AVE）可以表示相较于测量误差变异量的大小，潜在变量构念所能解释指标变量变异度的程度，潜在变量构念能解释的指标变量越多，则平均方差抽取量越大，相对的测量误差越小，反之亦然。若平均方差抽取量（AVE）>0.5，则表示在测量条目的变异中可由因子解释的部分大于由测量误差引起的部分，即说明测量变量量表具有聚合效度。所以，在用验证性因子检测结构方程模型的聚合（收敛）效度时，需要确认三个指标：标准化回归系数（λ）>0.5；平均方差提取值（AVE）>0.5；组合信度（C.R）>0.7。聚合效度的检测结果如表7-4所示。

表 7-4　聚合效度的检测结果

—	—	Factors	Estimate	S.E.	C.R.	P	AVE	CR
KPO1	<---	KPO	1.00	—	—	—	0.63	0.83
KPO2			1.64	0.12	13.42	***		
KPO3			0.87	0.09	10.01	***		
TE4	<---	TE	1.00				0.60	0.82
TE2			1.37	0.14	9.81	***		
TE1			1.13	0.12	9.16	***		
POP2	<---	POP	1.00				0.58	0.82
POP9			0.48	0.06	7.72	***		
POP12			0.57	0.06	9.29	***		
POP13			0.61	0.06	10.44	***		
POP14			0.65	0.07	8.93	***		
KH12	<---	KH	1.00	—	—	—	0.60	0.92
KH11			1.56	0.12	13.23	***		
KH9			1.20	0.11	10.81	***		
KH8			1.29	0.11	11.45	***		
KH6			1.47	0.12	12.07	***		
KH4			1.33	0.12	11.42	***		
KH3			1.77	0.15	11.84	***		
KH2			1.29	0.11	11.40	***		
CA1	<---	CA	1.00	—	—	—	0.72	0.94
CA3			1.29	0.15	8.54	***		
CA7			1.25	0.15	8.28	***		
CA8			0.95	0.14	6.95	***		
CA11			1.66	0.19	8.85	***		
CA12			1.89	0.21	9.04	***		
HR1	<---	HR	1.00				0.70	0.87
HR3			0.96	0.06	16.79	***		
HR4			0.66	0.05	13.50	***		
SS3	<---	SS	1.00				0.76	0.90
SS2			1.35	0.09	14.86	***		
SS1			0.91	0.07	14.02	***		

注：***p<0.001；KPO：知识心理所有权；TE：领地行为；POP：组织政治知觉；KH：知识隐藏；CA：创造力；HR：伤害关系；SS：社会地位。

根据表 7-4 可知，变量的临界值比率 C.R. 远大于临界值 1.96，且估计值在 0.001 上达到显著水平。AVE 值分别为：KPO=0.63，TE=0.60，POP=0.58，KH=0.60，CA=0.72，HR=0.70 和 SS=0.76，都大于 0.5；并且所有的组织效度值：KPO=0.83；TE=0.82；POP=0.82；KH=0.92；CA=0.94；HR=0.87；SS=0.90，都大于 0.7。所以变量的聚合效度是可以接受的。

与聚合效度相对应的是区分效度，当有数个构念在一个问卷中，测度项的效度与信度相互影响。如果构念的测度项各为其主，这个测度工具就是区分效度（discriminant validity）。分析区分效度的方法如下：①相关系数估计法：若两个潜在变量相关系数的 95% 可信区间包含 1，则表示潜在变量之间区分效度较差，若两个潜在变量之间的相关系数低于 1，则说明潜在变量之间具有较好的区分效度；②竞争模型比较法：将两个验证性因子分析模型其中的一个自由估计模型潜在变量之间的相关系数，另外一个模型则是将相关系数设为 1，如果自由估计的相关系数大于 1，即代表两个潜在变量之间具有区分效度；③平均方差抽取量比较法，若平均方差抽取量（AVE）的值大于 Φ（各潜在变量之间的相关系数）的平方，则表示因子与测量间项间的共同变异大于因子间的共同变异，也可以证明测量变量的量表具有良好的区分效度。区分效度的检测结果如表 7-5 所示。

表 7-5　区分效度的检测结果

因素	Φ/（Φ²）						AVE
	1	2	3	4	5	6	
KPO	—	—	—	—	—	—	0.63
TE	0.63（0.39）	—	—	—	—	—	0.60
POP	0.63（0.39）	0.56（0.31）	—	—	—	—	0.58
KH	0.71（0.50）	0.67（0.44）	0.75（0.56）	—	—	—	0.60
CA	0.39（0.15）	0.31（0.10）	0.39（0.15）	0.26（0.07）	—	—	0.72
HR	0.53（0.28）	0.60（0.36）	0.64（0.41）	0.61（0.38）	0.26（0.07）	—	0.70
SS	0.50（0.25）	0.41（0.17）	0.38（0.15）	0.42（0.17）	0.50（0.25）	0.38（0.14）	0.76

注：KPO：知识心理所有权；TE：领地行为；POP：组织政治知觉；KH：知识隐藏；CA：创造力；HR：伤害关系；SS：社会地位；Φ：两个因子间标准化相关系数。

若要检测结构方程模型的区分效度，只需满足上述三种方法中的一种即可：AVE> 相关系数（Correlation）²。如表 7-5 所示，知识隐藏和组织政治知觉之间的相关系数最大为 0.75，相关系数的平方为 0.56。知识隐藏和组织政治知觉的 AVE 值分别为 0.60 和 0.58，因此 AVE>0.56，模型的判别效度可以接受。

二、描述性统计

多重共线性描述了两个变量之间因为有过多的信息重复而导致的问题（李玲，饶克勤，& 王启俊，1999）。线性关系不只是出现在自、因变量之间，而且出现在自变量之间，这种出现在自变量之间的线性关系使得自变量对因变量的作用难以解释，并使得线性回归的结果的可靠性不足。自变量之间的信息重叠会导致一系列的数学后果，最终使得回归系数的可靠性变弱。目前常用的多重共线性诊断方法有：

（1）自变量相关系数 R 诊断法：研究任意变量随机两两配对产生的相关系数，如果自变量的二元相关系数值很大，则说明存在多重共线性。一般来说，如果两个变数之间的相关系数大于 0.7 表明可能会增加回归中多重共线性的可能性（Tabachnick & Eidell，2007）。

（2）方差膨胀系数（Variance Inflation Factor，VIF）法：方差膨胀因子计算公式为：VIF=1/（1-R^2），其中 R 为自变量 X 对其余自变量做回归分析的复相关系数。当一个变量中全部是独特信息时，方差膨胀系数是 1。在社会科学中，经验法则是每一个自变量的方差膨胀系数小于 10，但方差膨胀系数小于 10 并不意味着没有多重共线性。

（3）容限（Tolerance）法：当一个变量中的独特信息越多，它的容限越小，越不容纳其他自变量中的信息。当一个变量中的信息全部是独特的时候，它的容限是 0。容限是 VIF 的倒数，即 Tol=1/VIF。Tol 值介于 0 ~ 1，越接近 1，说明自变量之间的共线性越弱。有的自变量即使通过了容忍性检验进入方程，也会导致不稳定的结果。

表 7-6 列出了每个变数的均值和标准差，以及所有变数之间的相关关系。这些相关性显示了预期的关联方向，并且在 $p<0.01$ 水平上都是显著有效的。本研究采用方法 1，当前研究中的所有变量之间的相关系数均低于 0.7，表明所用的测量值适用于分析。

如表 7-6 所示，知识隐藏与创造力（r=0.20，$p<0.01$）、伤害关系（r=0.56，$p<0.01$）和社会地位（r=0.36，$p<0.01$）呈正相关。

表 7–6　描述性统计和相关系数

因素	平均	标准偏差	1	2	3	4	5	6	7	8	9	10	11	12
GE	1.49	0.50	—	—	—	—	—	—	—	—	—	—	—	—
MA	1.40	0.49	0.31	—	—	—	—	—	—	—	—	—	—	—
AGE	2.22	0.92	−0.04	−0.53**	—	—	—	—	—	—	—	—	—	—
EDU	3.23	0.88	0.07	0.29**	0.04	—	—	—	—	—	—	—	—	—
JT	3.03	1.39	0.32**	0.19**	−0.02	−0.08	—	—	—	—	—	—	—	—
WE	2.54	1.35	0.03	−0.55**	0.78**	−0.26**	0.06	—	—	—	—	—	—	—
KPO	3.62	0.86	−0.31**	−0.13*	−0.15*	−0.06	−0.23**	−0.16**	—	—	—	—	—	—
TE	3.66	0.73	−0.37**	−0.10	−0.22**	0.07	−0.27**	−0.26**	0.50**	—	—	—	—	—
POP	3.49	0.64	−0.45**	−0.28**	−0.07	−0.02	−0.33**	−0.15*	0.45**	0.45**	—	—	—	—
KH	3.13	0.93	−0.49**	−0.26**	−0.21**	−0.11	−0.31**	−0.22**	0.57**	0.59**	0.66**	—	—	—
CA	3.77	0.48	−0.21**	−0.31**	0.15*	−0.07	−0.27**	0.15*	0.30**	0.24**	0.29**	0.20**	—	—
HR	3.65	0.89	−0.36**	−0.36**	−0.04	−0.08	−0.30**	−0.07	0.40**	0.48**	0.55**	0.56**	0.21**	—
SS	3.60	−0.36**	−0.31**	0.02	−0.14*	−0.29**	−0.01	0.38**	0.30**	0.28**	0.36**	0.42**	0.31**	—

注：n=311. *p<0.05，**p<0.01. 虚拟变量：性别（男 =1，女 =0）；婚姻（已婚 =1，未婚 =0）；工作类型（科研 =1，其他 =0）；GE= 性别；MA= 婚姻；AGE= 年龄 EDU= 教育程度；JT= 工作类型；WE= 工作经验；KPO= 知识心理所有权；TE= 领地行为；POP= 组织政治知觉；KH= 知识隐藏；CA= 创造力；HR= 伤害关系；SS= 社会地位。

三、假设检验

（一）路径分析

用路径分析来检验假设 1～5。所有的自变量在整个分析过程中都是标准化的，因此可以进行相互作用的检验，并降低多重共线性对结果影响的可能性，因变量是非标准化的（Aiken，West，& Reno，1991）。

表 7-7 中的结果显示知识心理所有权对知识隐藏有正的影响（b=0.24，p<0.001），领地行为和组织政治知觉对知识隐藏也有正的影响（b=0.31，b=0.36，p<0.001）。知识隐藏对创造力有正的影响（b=0.15，p<0.001），知识隐藏对伤害关系有正的影响（b=0.94，p<0.001）。

表 7-7　路径分析和假设检验结果

假设检验				回归系数	标准误	临界比	*P*	检验结果
假设 1	KH	<---	KPO	0.24	0.07	3.45	***	支持
假设 2	KH	<---	TE	0.31	0.08	3.75	***	支持
假设 3	KH	<---	POP	0.36	0.06	6.06	***	支持
假设 4	CA	<---	KH	0.15	0.04	3.99	***	不支持
假设 5	HR	<---	KH	0.94	0.11	8.51	***	支持

注：****P*<0.001；KPO= 知识心理所有权；TE= 领地行为；KH= 知识隐藏；CA= 创造力；POP= 组织政治知觉；HR= 伤害关系。

（二）知识隐藏的中介作用

如图 7-1 所示，如果 X 和 Z 对 Y 的单独作用是显著的，当把它们放在一起的时候，如果 X 对 Y 的影响（c'）为零，或者回归系数相对于 X 单独作用于 Y 时的影响（c）显著下降，但仍然大于零。如果 X 的回归系数为零，这种情况时完全中介（complete mediation），如果只是显著降低，则为部分中介（partial mediation）。在实际操作过程中，部分中介的情况更加普遍，此时，Z 是中介变量。

Baron 和 Kenny（1986）提出测试中介作用的三个步骤：①用 X 对 Y 作用回归，并显示 X 对 Y 是显著的；②用 X 对 Z 作用回归，并显示 X 对 Z 是显著的；③用 X 与 Z 对 Y 做回归，并显示 X 的作用效果显著降低（$c-c'$），并且（$c-c'$）与 $a\times b$ 是等价的。温忠麟等（2004）设计的中介效应检验法，假设所有的变量都已去中心化，可用方程来描述变量之间的关系：① $Y=cX+e1$；② $M=aX+e2$；③ $Y=c'X+bM+e3$。

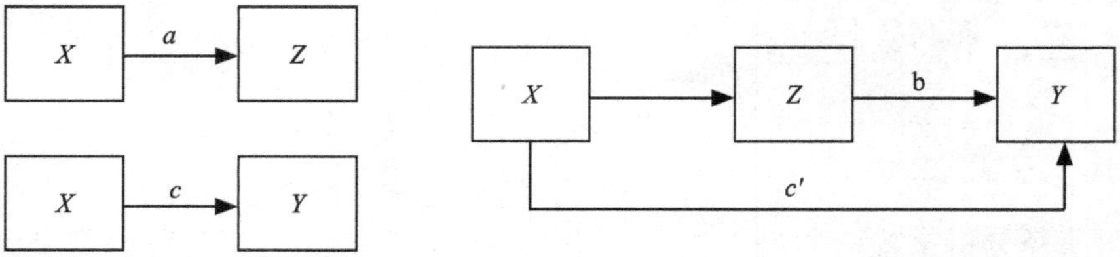

图 7-1　中介作用的各种关系

在以往的多数研究中，通常都是通过逐步回归的方法进行中介作用的检验，仅能检验是完全中介还是部分中介，并不能计算出中介作用的大小，其有效性和合理性也不断被质疑。对中介效果显著性的检验过程中，传统上常用的方法是使用 sobel 检验，但是由于 sobel 检验的前提假设是中介效果服从正态分布，而此种假设在通常情况下并不成立。当中介效果分布不服从正态分布时，尤其是在样本容量较小（小于 500）的情况下，与使用逐步回归方法或 sobel 检验等方法相比，通过 Bootstrap 方法进行中介效果检验可以有效降低第一类错误（错误地拒绝 H0，弃真错误）出现的概率，对中介效果的计算也更加精准，从而会具有更好的统计效果和更强的说服力。另外，近年来，国际前沿主流学术期刊中多数已经选择使用 Bootstrap 方法来检验中介效应。本研究采用重复抽样法，即 Bootstrapping 方法对中介效应的大小进行检验。

Bootstrapping 方法通过 Preacher & Hayes（2008）开发的 SPSS Process 来检验中介作用的大小，即知识心理所有权、领地行为、组织政治知觉通过知识隐藏对个体创造力和伤害关系的间接效应（$c-c'$）是否显著异于零。在统计过程中，很多抽样并不服从正态分布，Bootstrap 方法不需要假设抽样的正态分布，而是通过反复抽样来确定间接效应及其抽样分布，并据此特征来估计间接效应的置信区间，因此很多学者建议使用该方法（Shrout & Bolger，2012）。

Bootstrap 又称自助抽样法，本质是对真实世界数据的模拟抽样，它的原理是当正态分布假设不成立时，经验抽样分布可以作为世界整体分布用于参数估计。Bootstrap 是用于估计和假设检验的方法之一，表示从中导出样本更广泛的群体，可以通过计算数据集的多个抽出样本中的统计量来生成任何统计量的采样分布。本研究通过 5000 次抽取样本得到多组随机性和可靠性更强的数据，弥补了数据存在的不足之处，而且有意水准处于 95% 的信赖区间，用这种方法验证的标准是所计算的置信区间能不包含“0”。参照 Zhao，Lynch，& Chen（2010）提出的中介作用分析步骤，按照 Hayes（2013）提出的 Bootstrap 检验知识隐藏的中介效应，如表 7-8 所示。

表 7-8 通过 Bootstrap 检测知识隐藏的中介效果

假设检验		回归系数	Boot LLCI	Boot ULCI	p	检验结果
假设 6	KPO → KH → CA	0.01	– 0.01	0.14	0.07	不支持
假设 7	TE → KH → CA	0.11	0.02	0.16	0.01	支持
假设 8	POP → KH → CA	0.16	0.07	0.26	0.01	支持
假设 9	KPO → KH → HR	0.05	– 0.02.	0.29	0.07	不支持
假设 10	TE → KH → HR	0.22	0.06	0.30	0.01	支持
假设 11	POP → KH → HR	0.32	0.21	0.45	0.01	支持

注：***p<0.001；KPO= 知识心理所有权；TE= 领地行为；KH= 知识隐藏；CA= 创造力；POP= 组织政治知觉；HR= 伤害关系。

通过 Bootstrap 检测知识隐藏的中介效果如表 7-8 所示，只有假设 6 和假设 9 不被支持，知识心理所有权通过知识隐藏对创造力、伤害关系的影响分别为 [–0.01，0.14]，[–0.02，0.29]，并且 p=0.07>0.05，置信区间包含“0”，所以假设 6 和假设 9 中介效果不被支持。其他假设都成立。

（三）社会地位的调节效果

一个调节变量是一个类别型的或连续型的变量，它影响一个自变量对一个因变量的作用的大小和方向。如图 7-2 所示，因变量 X 与调节变量 Z 对 Y 的直接作用叫作这两个变量的主作用，它们的积对 Y 的影响叫作调节作用。如果调节作用是显著的，那么调节作用的假设就成立。

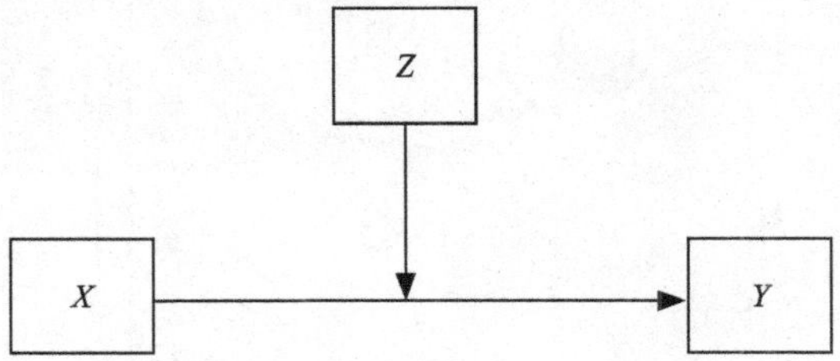

图 7-2 调节作用的路径

为了验证社会地位的调节效果，本研究采用调节回归分析来验证假设 12 和假设 13。表 7-9 显示了分布回归的结果。在每个模型中，控制变量（性别、婚姻、年龄、教育程度、工作类型和工作经验）都第一步进入模型，然后预测变量进入模型。

表 7-9　社会地位的调节效果（因变量：伤害关系）

	1 阶段			2 阶段			3 阶段		
	b	*SE*	*β*	*b*	*SE*	*β*	*b*	*SE*	*β*
Constant	6.19	0.30		3.57	0.57		6.09	0.91	—
GE	−0.30	0.10	−0.170	−0.05	0.11	−0.03	0.03	0.11	0.01
MA	−0.86	0.13	−0.47	−0.58	0.13	−0.32	−0.47	0.13	−0.26
AGE	−0.13	0.09	−0.13	−0.04	0.09	−0.04	−0.04	0.09	−0.04
EDU	0.1	0.06	0.01	0.03	0.06	0.03	0.02	0.06	0.02
JT	−0.09	0.04	−0.14	−0.06	0.03	−0.09	−0.05	0.03	−0.08
WE	−0.14	0.06	−0.21	−0.07	0.06	−0.11	−0.04	0.06	−0.06
KH	—	—	—	0.38	0.06	0.39***	−0.61	0.29	−0.64*
SS	—	—	—	0.04	0.06	0.03	−0.75	0.23	−0.64**
KH*SS	—	—	—	—	—	—	0.27	0.08	1.49***
R^2	0.30			0.39			0.42		
ΔR^2	0.30			0.09			0.03		
F（*p*）	18.18（***）			20.69（***）			20.59（***）		

注：$^*p<0.05$，$^{**}p<0.01$，$^{***}p<0.001$；GE= 性别；MA= 婚姻；AGE= 年龄；EDU= 教育程度；JT= 工作类型；WE= 工作经验；KH= 知识隐藏；SS= 社会地位。

社会地位的调节效果（因变量：伤害关系）如表 7-9 所示，因变量知识隐藏和调节变量社会地位的相互作用项（知识隐藏 × 社会地位）的值是有意义的（β=1.49，p<0.001），也就是说，社会地位对知识隐藏和伤害关系之间的影响关系具有调节作用。社会地位的调节效果如图 7-3 所示，当社会地位越高时，可以强化知识隐藏对伤害关系之间的影响作用，隐藏假设 13 是被支持的。

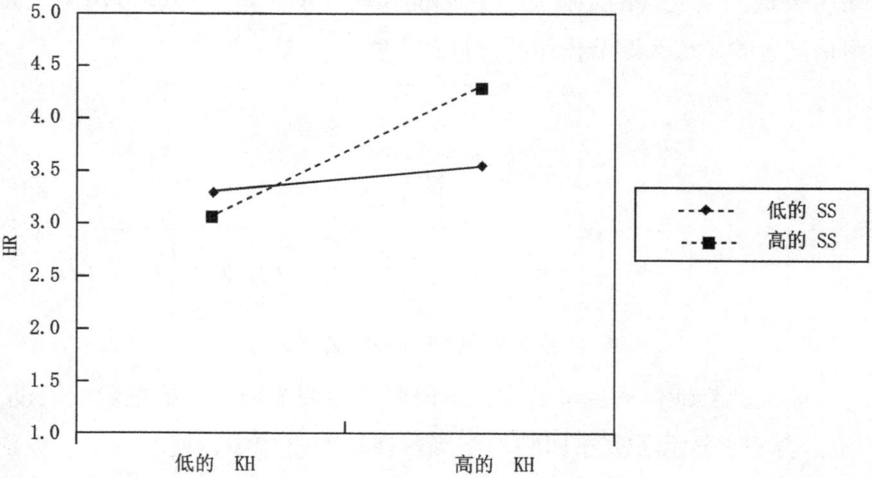

图 7-3　社会地位的调节效果

社会地位的调节效果（因变量：创造力）如表 7-10 所示，因变量知识隐藏和调节变量社会地位的相互作用项（知识隐藏 × 社会地位）的值是有意义的

（β=0.37，p>0.05），也就是说，社会地位对知识隐藏和创造力之间的影响关系没有调节作用。

表 7–10　社会地位的调节效果（因变量：创造力）

—	1 阶段			2 阶段			3 阶段		
—	b	SE	β	b	SE	β	b	SE	β
Constant	4.27	0.18		3.07	0.34		3.33	0.55	
GE	−0.06	0.06	−0.07	0.01	0.06	0.01	−0.01	0.06	0.01
MA	−0.21	0.08	−0.22	−0.11	0.08	−0.12	−0.10	0.08	−0.11
AGE	−0.01	0.05	−0.02	0.00	0.05	−0.01	—	0.05	−0.01
EDU	—	0.04	—	0.02	0.04	0.04	0.02	0.04	0.03
JT	−0.06	0.02	−0.21	−0.04	0.02	−0.14	−0.04	0.02	−0.14
WE	0.02	0.04	0.07	0.04	0.04	0.12	0.05	0.04	0.13
KH	—	—	—	0.01	0.04	0.02	−0.09	0.18	−0.17
SS	—	—	—	0.21	0.04	0.34***	0.13	0.14	0.21
KH*SS	—	—	—	—	—	—	0.03	0.05	0.28
R^2	0.15			0.24			0.24		
Δ R^2	0.15			0.09			0.00		
F（p）	7.24（***）			9.92（***）			8.83（***）		

注：*p<0.05，**p<0.01，***p<0.001；GE= 性别；MA= 婚姻；AGE= 年龄；EDU= 教育程度；JT= 工作类型；WE= 工作经验；KH= 知识隐藏；SS= 社会地位。

（四）社会地位的有调节的中介作用

有调节的中介作用是指研究模型中既有中介变量，也有调节变量，自变量对因变量的中介效应因调节变量的强弱而效果不同，调节变量既可以是连续变量也可以是分类变量（温忠麟，侯杰泰，& 张雷，2006）；也就意味着自变量 X 通过中介变量 M 对因变量 Y 产生影响，而中介过程（$X \rightarrow M \rightarrow Y$）受到调节变量 Z 的调节（温忠麟 & 叶宝娟，2014）。

Holland 等（2017）研究指出有调节的中介模型的构建：首先，确定中介模型的理论依据，即阐述自变量、中介变量和因变量三者之间的指向关系；本研究中的自变量是知识心理所有权、领地行为和组织政治知觉，中介变量是知识隐藏，因变量是创造力和人际关系；其次，确定调节模型的理论依据，不仅要说明调节发生的位置（是中介的前半路径，还是中介的后半路径，还是直接路径），以及调节的位置在中介的后半路径，还要说明调节的方向；最后，按照前两个步骤构建有调节的中介效应的模型或路径图。

中介和调节分析可以通过 Hayes 提出的条件过程模型来构建和计算。一个模型同时包含中介变量和调节变量，这些变量在模型中的位置和作用会产生不同的模型，有调节的中介模型是包含调节变量和中介变量的一种常见模型。调节的中介模型意味着自变量通过中介变量对因变量的影响效果受到调节变量的影响，因为自变量（X）对因变量（Y）的间接影响取决于调节变量的大小（Hayes，2012）。

根据 Preacher，Rucker，& Hayes（2007）检验间接效应的步骤，来确定社会地位的调节的中介作用。在只有一个中介变量的情况下，我们通过 SPSS PROCESS 工具分析调节变量（Z）在中介过程（$X \rightarrow M \rightarrow Y$）中的间接效应。

Hayes（2012）开发的 PROCESS 是 SPSS 和 SAS 的一个程序，它实现了调节或中介分析，它们是在一个集成的条件过程模型（调节的中介）中的组合。

社会地位的有调节的中介效果（因变量：创造力）如表 7-11 所示，社会地位对知识心理所有权、领地行为和组织政治知觉通过知识隐藏对创造力产生的作用的置信区间是 [－0.02，0.04]，[－0.03，0.04] 和 [－0.06，0.07]，所有的置信区间都包含在“0”中，即社会地位没有调节的中介作用。因此假设 14、15 和 16 都不被支持。

表 7-11　社会地位的有调节的中介效果（因变量：创造力）

假设		Index	SE（Boot）	BootLLCI	BootULCI	结果
假设 14	KPO → KH → CA	0.01	0.01	－ 0.02	0.04	不支持
假设 15	TE → KH → CA	0.01	0.02	－ 0.03	0.04	不支持
假设 16	POP → KH → CA	0.02	0.03	－ 0.06	0.07	不支持

注：KPO= 知识心理所有权；TE= 领地行为；POP= 组织政治知觉；KH= 知识隐藏；CA= 创造力。

社会地位的有调节的中介效果（因变量：伤害关系）如表 7-12 所示，社会地位对知识心理所有权、领地行为和组织政治知觉通过知识隐藏对伤害关系产生的作用的置信区间是 [0.02，0.14]，[0.02，0.19] 和 [0.04，0.28]，所有的置信区间都不包含在“0”中，即社会地位有调节的中介作用。因此假设 17、18 和 19 都被支持。

表 7-12　社会地位的有调节的中介效果（因变量：伤害关系）

假设		Index	SE（Boot）	BootLLCI	BootULCI	结果
假设 17	KPO → KH → HR	0.06	0.03	0.02	0.14	支持
假设 18	TE → KH → HR	0.09	0.04	0.02	0.19	支持
假设 19	POP → KH → HR	0.16	0.06	0.04	0.28	支持

注：KPO= 知识心理所有权；TE= 领地行为；POP= 组织政治知觉；KH= 知识隐藏；HR= 伤害关系。

本研究中研究假设的验证结果如表 7-13 所示。

表 7-13　假设的结果

假设	假设内容	结果
假设 1	知识心理所有权对知识隐藏有正（+）的影响	支持
假设 2	领地行为对知识隐藏具有正（+）的影响	支持
假设 3	组织政治知觉对知识隐藏有正（+）的影响	支持
假设 4	知识隐藏对创造力有负（-）向影响	不支持
假设 5	知识隐藏对伤害关系有正（+）的影响	支持
假设 6	知识隐藏在知识心理所有权对创造力的影响关系中具有中介效果	不支持
假设 7	知识隐藏在领地行为对创造力的影响关系中具有中介效果	支持
假设 8	知识隐藏在组织政治知觉对创造力的影响关系中具有中介效果	支持
假设 9	知识隐藏在知识为心理所有权对伤害关系的影响关系中具有中介效果	不支持
假设 10	知识隐藏在领地行为对伤害关系的影响关系中具有中介效果	支持
假设 11	知识隐藏在组织政治知觉对伤害关系的影响关系中具有中介效果	支持
假设 12	社会地位可以调节知识隐藏对创造力的负影响，随着社会地位的提高它们之间的关系会变强	支持
假设 13	社会地位调节知识隐藏对伤害关系的正影响，随着社会地位的提高它们之间的关系会变强	不支持
假设 14	社会地位能通过知识隐藏的中介作用，调节知识心理所有权对创造力的影响，当社会地位越高时，中介效果越强	不支持
假设 15	社会地位能通过知识隐藏的中介作用，调节领地行为对创造力的影响，当社会地位越高时，中介效果越强	不支持
假设 16	社会地位能通过知识隐藏的中介作用，调节组织政治知觉对创造力的影响，当社会地位越高时，中介效果越强	不支持
假设 17	社会地位能通过知识隐藏的中介作用，调节知识心理所有权对伤害关系的影响，当社会地位越高时，中介效果越强	支持
假设 18	社会地位能通过知识隐藏的中介作用，调节领地行为对伤害关系的影响，当社会地位越高时，中介效果越强	支持
假设 19	社会地位能通过知识隐藏的中介作用，调节组织政治知觉对伤害关系的影响，当社会地位越高时，中介效果越强	支持

第八章　研究结论和展望

本研究的核心目标在于为知识型组织成员知识隐藏行为的管理实践提供理论参考和决策依据。基于此目标，本研究通过对知识型员工、知识隐藏行为、组织政治知觉等领域的相关文献的回顾，界定并测量了知识型员工知识隐藏行为这一概念，识别了知识型员工知识隐藏行为的影响因素，构建并实证知识隐藏行为影响和形成机理模型。知识是智力型组织发展的重要因素，智力型组织与传统企业在人力资源管理模式、方法和政策等方面存在着巨大的差异。因此，组织中的知识越来越受到员工的重视和珍惜，知识成为个体在组织中晋升和发展的关键要素。智力型组织员工的知识隐藏行为对组织内部成员之间的合作、新产品开发或新政策的制定等都有不利的影响，尽管知识隐藏对保护组织机密信息方面有一定的积极作用，但大多数情况下会阻碍知识传播、影响智力型组织的发展。

虽然有很多学者在研究组织内部知识转移的失败原因，但是大部分文献都是关注如何鼓励知识共享，与此相反，本研究考察了组织中员工之间的知识隐藏行为。知识隐藏行为已经成为组织行为学和知识管理领域一个崭新的研究领域，对知识隐藏的深入研究有着重要的理论和实践意义。深入研究组织中的知识隐藏行为，寻求应对和破解之策，必将对我国的知识管理与创新行为研究产生巨大的推动作用。知识心理所有权、领地行为和组织政治知觉被设定为自变量，以研究其余知识隐藏的影响关系，并检验知识隐藏对个体创造力和伤害关系的影响作用，以及发现社会地位可以缓和知识隐藏对创造力和伤害关系的影响。该研究还验证了社会地位是否调节了知识心理所有权、领地行为和组织政治知觉通过知识隐藏对个体的创造力和伤害关系的间接影响。这项实证研究的结果提出了一些结论，即如何控制和削弱可以减少个人层面知识隐藏的某些因素，以及可以采取哪些措施来改变员工对组织政治的看法。

一、理论启示

本研究的结果是支持基于社会交换理论和知识管理理论的知识隐藏的假设，因此，该研究为这一新兴领域做出了许多贡献。

（1）本研究实现了对知识型员工知识隐藏行为的系统测量，从而扩大了知识隐藏行为的应用范围。目前，对知识隐藏行为的研究很少，将知识隐藏行为直接移植到知识型员工的知识隐藏探索研究也很缺乏，这就导致了现有研究很难真正阐释知识型员工知识隐藏行为的深度。本研究以知识型组织员工为调查对象，结合现有对知识隐藏行为的研究，通过实证分析来探索中国文化环境中对知识型员工知识隐藏行为的可操作化测定。为员工知识隐藏行为的影响因素识别及机理探索奠定基础，也为其他学者的知识型员工知识隐藏行为提供参考。

（2）本研究将知识心理所有权与知识隐藏联系起来，与其他变量（如知识共享等）相比，本研究提出知识所有权是预测知识隐藏的核心因素。结果表明，如果一个人将工作中使用到的知识视为他 / 她的个人财产，就更有可能从事知识隐藏。以前关于心理所有权的文献主要集中在基于组织和工作的心理所有权上，因此，本研究可以通过调查基于知识的心理所有权来影响、来促进心理所有权领域的构建和完善。

实证研究结果可以用动机归因理论来解释。动机归因理论核心观点是指个体通过分析他人选择特定行为的动机，推导动机产生的原因，进而影响个体做出适当的策略来应对。知识寻求者在面临组织内部同事不同的知识拒绝行为的时候，很可能对做出拒绝行为人的动机解读有所不同。当知识隐藏者通过装傻或拖延策略而拒绝知识需求者的知识请求的时候，知识寻求者会认为自己被欺骗，很可能产生内部归因动机，从而激发其报复心理，选择知识隐藏行为，导致双方人际关系恶化，产生恶性循环。当知识隐藏者出于客观原因（如个人权限有限、组织规定不让共享等）选择合理隐藏行为时，知识寻求者理解知识隐藏的原因，会产生外部动机归因，从而不会对知识隐藏者采取报复性措施，双方之间关系也不至于进一步恶化。

（3）系统研究了知识型员工知识隐藏行为的影响因素，并检验知识型员工知识隐藏行为的形成机理，丰富了知识隐藏行为的前因因素研究，明确了不同因素对知识隐藏行为的作用关系。目前，学术界对知识隐藏行为影响因素的研究较少，更缺少对知识隐藏行为影响因素的相关研究。本研究以前因研究为基础，通过深入访谈和调查问卷，识别知识隐藏行为的主要影响因素，剖析了影响因素之间的作用关系，实现了对知识隐藏行为形成机理的探索。这将推进知识管理领域研究的深入，扩展知识隐藏行为的情景研究，丰富现有理论的不足。本研究通过数据分析检验并修正了知识隐藏行为的形成机理模型，丰富了知识隐藏行为的实证研究，并推动了知识型员工知识隐藏行为理论的发展。

（4）本研究进一步探析了知识寻求者和知识隐藏者人际关系恶化之原因，深层剖析了知识隐藏恶性循环的形成机制，打开了知识隐藏恶性循环形成过程的黑箱，丰富了知识隐藏研究的理论视角。本研究以知识寻求者的感知的知识隐藏为研究变量，更加符合实际情况，知识寻求者可能并不能意识到同事隐藏知识。Černe 等（2014）研究表明当知识请求者感知到知识所有者的知识隐藏行为后，会倾向于对其产生不信任感，日后如有可能会对初始隐藏者采取进一步的知识隐藏行为进行报复，如此也会对初始隐藏者的创造力产生不利影响。例如，当员工 A 面对员工 B 的知识请求选择故意隐藏时，如果员工 B 得知员工 A 隐藏了他 / 她所需求的知识，由于员工 B 想要对员工 A 的不信任进行报复，在面对员工 A 的知识请求时，也会选择隐藏行为，进一步抑制了初始隐藏者（员工 A）的创造力。从知识寻求者的角度而言，如果寻求者感知到自己被知识隐藏者欺骗，反之会在知识隐藏者向自己寻求知识时采取对等措施。本研究以常见的人际关系角度为切入点，阐明了知识隐藏恶性循环形成过程中的情感作用机制以及知识寻求者换位思考的边界条件作用。因此，本研究不但对知识隐藏研究的理论进行了补充和完善，而且进一步揭示了知识寻求者和知识隐藏者之间因为人际关系恶化的形成机制和边界条件。

（5）本研究揭示了领地行为与知识隐藏联系的潜在机制。本研究采用领地行为观点，由于知识是员工获取、消化和创造的，因此他们通常将知识视为自己的“个人领地”。使用领地理论对解释知识隐藏行为的成因机制是很有帮助的。Webster 等（2008）的研究指出，学者们对领地行为和所有权的研究不足，特别是在知识管理领域。本研究发现领地行为在预测和影响知识隐藏中有重要作用。因此，本研究回应了 Webster 及其同事并弥补了研究的不足。

（6）根据调节焦点理论，员工将知识视为组织内部的政治资源。为了获得晋升或保持在组织中的优势地位，他们倾向于隐藏自己掌握的知识以保持主导地位。组织的政治氛围在决定员工隐藏或分享知识方面发挥着至关重要的作用。与大多数研究都关注个体层面因素对知识隐藏行为的影响不同，本研究将组织政治知觉引入知识隐藏领域，并解释了组织环境因素对知识隐藏行为影响的“黑盒子”，强调员工对组织政治行为的感知程度将强化或减弱知识隐藏行为。

二、实践启示

首先，研究结果可以为知识型员工知识隐藏行为的干预与管理提供引导。本研究确定了知识型员工知识隐藏行为的相关影响因素，将帮助管理者了解知识隐藏形成的原因与路径，从而使管理者能从不同角度把握知识隐藏行为的作用机制，这将为管理者制定合理的规章制度和有效的激励措施来减少知识隐藏行为提供依据。对知识隐藏行为干预路径的研究，将帮助管理者加深对知识隐藏形成机理的认知，有效提高知识型员工知识隐藏行为管理的科学性和有效性。

其次，对组织管理者而言，不仅要关注如何促进知识型员工的知识共享，还要关注如何减少和避免员工的知识隐藏行为。只有通过对知识隐藏行为的有效管理，才能实现组织内员工之间的知识传播和共享。由于知识隐藏是组织中普遍存在的一种职场行为，既存在合理隐藏等在一定程度上保护组织和同事利益或秘密的有利一面，也存在装傻和推脱隐藏等可能会危害组织流动和利用效率的一面。管理者应该辩证看待组织中的知识隐藏行为，并针对特定的群体和维度采取有针对性的措施，积极引导和管理员工知识隐藏行为来促进组织和个人的发展。

本研究对于打破知识型团队成员因为知识隐藏而产生的人际关系恶性循环，以及降低由知识隐藏产生的一系列负面影响具有一定的指导意义；对于理解基于知识的心理所有权、领地行为和组织政治知觉对知识隐藏的影响具有很重要的实际意义。

（1）研究发现，知识心理所有权对知识隐藏有正的影响。知识嵌入在个体中，由个体创造、掌握和运用，较易形成个体知识心理所有权，这种心理所有权倾向也形成了组织中知识隐藏的一大障碍。因此，降低个人拥有知识的自我认知的管理实践可以减少知识隐藏的倾向。管理者需要通过多种措施鼓励并引导员工的知识感知从“我的”向“我们的”转变，从而降低组织内部的知识隐藏倾向。例如，组织可以采用知识管理工具来促进团队合作和推动组织承诺。

（2）目前的研究发现，领地行为也会对知识隐藏产生积极的影响。组织成员往往把自己所具有的知识视为领地，不允许别人入侵和进入。根据社会学习理论可知，人们主要通过观察或模仿示范者的行为而习得行为。领地行为较高的员工对组织中的领地行为往往持包容和默许态度，进而组织成员也表现出更高的领地行为。因此，榜样员工在组织中表现出较高的领地行为很容易激发团队领地氛围的形成。在强领地氛围中，组织内部成员往往会以自我为中心，成员间的交换质量较低，彼此间合作意图较低，最终会减少彼此间的知识分享活动。组织可以通过开放式办公环境、团队奖励制度等，来减少个体的领地意识。

（3）组织政治知觉对知识隐藏有正影响。知识型组织的管理者应该努力营造共享的组织氛围，建立合作的团队文化，促进员工对组织的投入程度。知识寻求者和知识隐藏者之间换位思考不但能够削弱知识隐藏行为可能带来的不利影响，还能够降低知识型组织中负面知识行为的发生。有鉴于此，组织政治氛围应该保持公平，来减少“见风使舵”的行为。例如，可以鼓励员工坦率地说出自己的想法或者组织制度的不合理之处，并且可以根据公布的政策和制度进行奖惩。

（4）知识隐藏对知识隐藏者和知识寻求者之间的伤害关系具有正影响。伤害关系会导致知识隐藏者和知识寻求者之间相互知识隐藏行为的恶性循环。因此，为了减弱知识隐藏和伤害关系之间的关系，应该鼓励通过团队或项目合作的方式来开展工作或者导入“师徒制”管理制度，使双方的利益形成捆绑关系，这样可以减少知识隐藏的动机。

（5）知识型组织的管理者向成员说明不同职位的知识权限，从而消除部分成员借合理隐藏之名，行恶意隐藏之实。虽然合理隐藏并不会导致知识寻求者和知识隐藏者之间产生恶性循环，但是寻求者总是通过感知对方的态度和行为方式来判断同事的知识隐藏的动机。由于双方存在信息不对称性，并不一定能够正确判断对方内心真实和正确的知识意图。例如，某些组织成员可能选择一个看似合理的理由来隐藏知识，从而降低同事感知到知识隐藏给自己带来的不利后果。因此，在知识型组织中界定不同职位的知识权限有助于降低个体选择知识隐藏行为的可能性。

三、减少知识隐藏的对策研究

（一）重组知识贡献的收益函数

收益函数是指个体依据其所做出的策略在博弈过程中选择可获得的净收益。基于理性人视角分析，只有当员工选择知识共享产生的净收益大于选择知识隐藏产生的净收益时，个体才会优先考虑知识共享。因此，可以通过降低知识贡献的总成本和增加净收益来重组知识贡献的收益函数，使知识贡献收益最大化。只有让员工切实收益，才能引导和鼓励个体贡献有利于组织发展和提升个体绩效的知识。

首先，组织可以通过网络、微博及微信等信息技术手段来拓展知识贡献平台，使员工可以不受空间和时间的限制。群件系统不仅可以有效地克服时间和空间障碍，还能有效降低知识贡献成本，缩短知识获得路径。群件系统不仅能够提供快捷的知识在线交流，而且可以保存各种知识文档，从而大大提升知识传播和接收效率。组织可以建立内部聊天室，员工可以以文字或聊天的形式进行讨论。很多高科技公司为了促进员工间知识共享，由拥有共同兴趣和专长的员工建立了许多虚拟社区和内部留言板。组织内的员工就自己完成工作所需要的知识或遇到的问题及时通过电话、电子邮件、在线聊天和留言板等方式发出“求救信号”，等待具备这种知识或能力的员工“救援”。

其次，组织可以通过提高知识贡献的收益来促使个体降低知识隐藏倾向。组织应该评定成员知识贡献的质量和价值，对贡献者其进行对应的奖励。有货币奖励，包括高薪酬、高奖金、免费住房等措施并应及时兑现；晋升奖励，包括管理、技术双通道发展，给予专家较大的试错空间，火线提拔等；精神奖励，各种表彰、荣誉评选，比如优秀员工、知名专家及杰出人才等荣誉称号，让家属参加颁奖活动，享受荣誉称号等。为了使这些奖励更加有效，组织必须保证这些奖励与组织发展相适应，确保对员工的奖励不变成组织的负担，不会引发员工之间的矛盾。员工在权衡成本和收益时，当发现通过知识贡献可以使自己收益最大化时，就会选择与其他成员分享知识或者向组织贡献知识。

（二）增强组织投入和认同感和

很多员工在工作过程中为了保证自己的优先发展和绩效而选择知识隐藏，对于组织投入和归属感知较弱。组织可以通过货币奖励、职位奖励及精神奖励等方式，积极鼓励员工努力创造新知识并且进行知识共享来提高组织成员的归属感，进而增强员工对组织的投入程度。

如果成员认同自己的组织，希望自己和组织融为一体，就会从集体利益的角度来思考问题和行动，形成一种对组织的归属感和投入。组织内部浓厚的知识共享氛围和建立线上线下知识社区都有助于提升员工对组织的认同感和忠诚度。例如，很多互联网公司设立咖啡区，员工可以一边喝咖啡一边聊天，很多时候在这种轻松的氛围下，员工在交流过程中会产生新的创意。组织可以通过建立跨部门的项目团队，促进个体之间形成合作小组来解决知识隐藏的问题。组织课题给予团队充分的自主权，可以激励和引导跨部门员工参与决策制定，增强团队成员的个人荣誉感。

建立开放的组织文化体系和培养员工的集体意识。当个体更加注重组织集体利益而非个人的利益或损失时，员工会放弃知识隐藏而去选择知识共享或贡献，基于集体利益最大化的期望，组织成员之间进行合作才是最优选择。

（三）塑造知识共享文化

组织文化是组织的公平性、人性化、行为准则和领导的管理风格等经过长期发展形成的一种组织特有要素和内涵，并通过语言、品牌、外界判断和程序等多种符号体现出来（王天力 & 郭宇红，2019）。组织文化对员工的行为和决策都会产生很大的影响。全员参与的知识共享经过一段时间会转变成一种乐于分享的组织文化。一旦知识共享成为组织文化和员工工作的一部分，他们就会对此感到满意并继续强化知识分享意图。当知识共享成为组织文化的一部分，并随着组织的发展和持续强化逐渐成为全体组织成员的心理共识和行为准则时，知识共享意识就会根植于每个人的心中。这种组织文化中的知识隐藏则将成为不为组织主流文化所接受的行为，并且对组织文化的影响很小，作用有限。领导风格对塑造知识共享文化有至关重要的作用，如果领导者善于将组织的愿景和目标与员工分享，同时引导和激励员工认同并追求组织的目标，可以形成员工认同组织目标、愿意与组织共同成长的归属文化。领导者倡导创新试错文化，对新想法和观点持宽容态度，可以树立分享创新观点和不怕出错的文化；领导者以身作则鼓励员工分享知识，积极帮助请求知识的员工，树立乐于分享知识的角色形象；领导者可以提升领导成员交换关系质量，对员工表现出持续的关怀，这样领导与员工的信赖关系会更加紧密，能减少员工进行知识分享的风险和顾虑，使组织内形成乐于分享知识的氛围。

（四）创新组织管理制度

组织的管理制度也有善和恶之分，良好的组织管理制度和宽松融洽的组织氛围可以有效地促进组织成员在博弈过程中选择知识共享，规避知识隐藏。组织的管理层级、目标导向、集权或分权等都关系到知识共享是否能够在组织和团队层面有效地开展和实施。管理制度中的薪酬制度、奖励制度和绩效评定制度等因素也能决定个体是做出知识共享还是知识隐藏决策。组织采用团队奖励而非个人奖励形式可以促进个体积极地在团队内部共享知识，奖励团队知识分享行为可以激励员工更多地分享自己的新见解和想法，从而有效地提升团队绩效。实现个人与组织的“一荣俱荣，一损俱损”。组织减少离职率，保证员工在组织内部的工作时间，为每个人设计拥有上升空间的职业发展规划，可以大大地给予员工安全感和归属感，因为很多隐性知识都是在工作过程中收获的，所以应提高个体对组织的信赖感和参与贡献的热情。特别是高新技术企业更应该采用鼓励合作式而非完全竞争的工作模式，比起结果，应更加注重过程，因为很多产品研发即使失败也能在过程中积累经验和教训，不能因为没有结果而全盘否定员工的付出和努力。在任务相互依赖性强的工作中实行项目组的合作模式，组织成员更倾向于彼此配合，更愿意与组员共享知识（包括隐性知识）来完成项目，由此促进项目组成员相互学习，很多新知识就会在项目合作过程中产生。

（五）搭建知识共享技术平台

随着科技的进步，组织可以充分运用技术手段为员工提供知识共享的平台，可以摆脱时间和场地的限制，使知识拥有多种传播、交流和分享的途径。在网络高度发达的今天，在线知识共享交流平台有多种形式，例如远程会议、论坛和内部网等，这些平台各有优势，它们可以跨越空间和地理障碍，实现良好的互动和及时反馈，在线知识共享空间与平台既容易实现也非常必要。远程会议交流群组带给组织成员的灵感和想法可能比组织一次大型实体会议的效果还要好。恰当并有针对性地使用这些技术和平台，可以满足不同层次、不同组织、不同工作性质员工的需求。多样化的知识共享平台，让个体既能及时快捷地寻找到自己完成工作所需的知识，还能低成本地把自己的知识分享出去，使知识需求和共享双方都能感到非常方便、快捷并有成就感，使知识的流动更加顺畅，知识产生的价值和收益可以惠及更多个体和群体，并能有效改变组织知识分享的规则，促进组织分享文化的形成，可以最大限度地减少组织成员之间的知识领地行为等。

四、研究不足和未来研究方向

在知识隐藏行为方面，目前对知识隐藏的影响因素研究较多，但是对知识隐藏与结果变量的作用过程中调节作用的研究较少，所以对于产生调节作用的变数应该多加关注和研究。例如，员工在组织中的社会地位、组织投入水平也会影响特定行业员工的知识隐藏的调节作用，医生在面对自己不喜欢或不信任的病人时，也会尽量回答对方的问题，因为回答病人的问题是自己的责任和义务。本研究的局限性和未来研究方向如下：

第一，根据知识的特性和知识隐藏的内容我们可以将其分为显性知识隐藏和隐性知识隐藏。本研究没有详细区分隐性知识和显性知识的性质、成因和作用机制，主要关注一般可以测量和传播的、标准化的、可以编码并能储存的通用知识。隐性知识和显性知识具有不同的特征，与显性知识相比，隐性知识更具有黏性（不可分割性），难以形成体系和沟通（Nonaka，1994）。例如，调酒师是通过实践和经验来判断各种酒水的比例，很多时候是“只可意会不可言传”。因此，隐性知识比显性知识更容易隐藏，个体可能倾向于隐藏隐性知识，因为它对个人的竞争优势的促进效果比显性知识更强，所以，对隐性知识的隐藏比显性知识更普遍。未来的研究可以分为隐性知识和显性知识，更多地关注隐性知识的隐藏行为。

第二，本研究主要采用问卷调查方式通过横截面数据揭示了知识型员工选择知识隐藏行为策略动机形成的静态机理。通过 Harman 的单因素检验方法检查了共同方法偏差的问题。对于本研究，发现七因子模型拟合比其他因子模型更合适。但事实上，员工的知识隐藏行为决策具有动态性，选择策略在不同时间维度上也不同。可能会导致同一位员工的知识隐藏行为在不同阶段处于动态变化中。未来的研究可以通过时间序列数据或纵向研究设计来收集同一受访者不同阶段的数据，以便多次从同一受访者不同时间点收集数据。纵向研究的好处是研究人员能够在群体和个人层面上发现目标人群特征的发展趋势和变化，通过纵向研究对知识隐藏行为的动态变化机理和演变规律进行深入研究。

第三，本研究中知识隐藏的测定量表是由 Connelly 等（2012）开发的。虽然使用的测度改编自以前经过验证的尺度，但是目前的研究和知识隐藏之间的关系在三个维度（拖延隐藏、合理隐藏和装傻）上可能有所不同。在本研究中，知识隐藏是中介变量，因此未来可以对拖延隐藏、合理隐藏和装傻三个维度的功能进行深入研究，探究在不同的工作情境下具体维度对创造力或伤害关系所造成的不同影响，然后再提供降低影响的策略。

第四，在研究视角上，本研究侧重知识隐藏内涵及其形成机理，从个人层面探讨知识隐藏对员工创造力、与同事关系等方面的影响。需要进一步探索知识隐藏的前因变量、产生机制及后果变量。在知识隐藏影响方面，领地行为、组织政治知觉等因素都是影响知识隐藏的前因变量，其他影响因素，如领导力、组织文化等变量对知识隐藏的影响也需进一步研究。未来研究也可以从组织绩效、团队创造力等多个视角探究知识隐藏行为对这些团队层面要素及要素组合的影响，从而系统探究知识隐藏行为在不同层面上对各个要素的影响作用。

第五，本研究仅仅以国内几个大城市的知识型员工为调查对象。由于大城市知识密集型企业较多，知识在组织中的价值和重要性更容易体现。仅仅开展对中国国内的研究，对管理理论的实施及研究具有一定的局限性。由于信息技术的普及和全球一体化的发展，对于研究的普遍适用性而言，仅仅以国内的员工为调查对象是不够的。在未来的研究中，可以考虑文化差异性和以不同国家知识型员工为调查对象，用于验证研究模型及变量之间的关系。

第六，知识隐藏的研究方法需要多样化。目前现有文献中主要通过访谈法和问卷法收集研究所需数据，这两种方法因为受访者所处的情境及心理状态的不同会产生明显的误差。未来可以采用实验法对比在不同情境下个体对知识隐藏的反应程度。例如，可以对比在虐待式领导力和变革型领导力组织中员工对于知识请求的反应。可以引入生物学试验方法，设立实验组和对照组，更好地验证知识隐藏的影响机制。运用实验法进行对比，探究员工对于知识请求的态度和实施策略是未来的一个重要研究方向。

五、企业知识整合

根据企业所面对的外部环境，以及内部情况，将企业整合的知识管理活动，分为五个方面来表示：

（1）高层管理者认知提升企业竞争力所需的知识和实际上企业提升竞争力所需的知识之间的整合。

（2）高层管理者认知提升企业竞争力所需的知识与其所拟订的知识管理计划涉及的知识之间的整合。

（3）高层管理者所拟订的知识管理计划与知识管理计划实行后所得到的知

识之间的整合。

（4）知识管理制度实行后所得到的知识与提升企业竞争力所需的知识之间的整合。

（5）员工认知提升企业竞争力所需的知识与知识管理制度实行后所得到的知识之间的整合。

内部整合活动包含特定技巧知识基础和管理系统，比如，程序、方式和方法等的整合。在经济全球化的今天，企业外部环境变化迅速，所以企业在制订发展策略时需要考虑的因素以及执行策略所建立的组织结构，都必须重新调整与塑造。随着信息技术的进一步普及和应用，知识密集型产业的创新和研发日益重要，消费者群体也日趋多元化，产品能否持续更新成为成败的关键。因此，传统的管理理念必须随着外部环境和内部产品更新情况而变化，企业必须使本身成为资源、专长与能力的平台，其目的在于使每一项核心知识尽可能产生多种价值。核心竞争力可以为企业发展赋能，使企业在进行关键性决策时，如开发新产品、改变营销策略时，可以更好地提升决策质量。对企业竞争力而言，核心能力可以有效地构筑技术壁垒，构成技术的根源，并提升组织学习的关键要素。李大赛（2018）认为企业的竞争力主要来自成本、质量、时间和弹性四个要素。依据四个要素发展出八个可能的作业竞争优先级，包括低成本的作业、高绩效的设计、质量的一致性、快速的交货时间、准时地交货、开发速度、符合顾客需求的制造方式和弹性产出，企业可借助发展一个或数个能力来获取竞争优势。为了获得足够的智能来计划这些作业程序，企业必须建立知识数据库以储备与创造企业所需的知识。

在内部环境方面，很少有公司清楚哪些知识对其公司的成功有贡献，以及这些资产是如何在公司内部不同领域、不同职务或员工之间散布的，企业若缺乏这些认识，就不能将知识工作者视为一项重要的组织资源来管理。对于什么是企业未来发展的核心知识，各事业单位若缺乏认知与共识，那么将无法彼此分享资源、人力和自身所拥有的能力，以至于企业在发展本身的核心知识时，无法有效地发展，导致成本增加或造成资源重复浪费。这些问题可以借助系统化的信息技术来降低其严重性。因此，企业在发展核心知识时，除了对本身所拥有的知识认知外，必须目标明确地来开发和整合其知识，避免漫无目的地发展。

1. 主管认知与实际需要涉及的知识整合

企业引入知识管理时，高层主管的角色在于客观地评价企业所处的内部环境，以了解企业本身的强势、弱势、机会与威胁。每个企业都有它独特的一些知识以及该知识使用的企业问题，因此，每一个知识管理解决方案都是针对特定的企业而设计的。而高层管理者的任务就在于分辨哪些才是企业维持竞争优势的核心知识，企业本身能否持续创造出这些知识，如果不能，就必须通过联盟、合资，甚至并购等方式来取得。因此，为了消除或缩小两者之间的差距，企业在实施知识整合过程中，高层管理者应全面了解企业所处的内外部环境，以制订出合适的知识管理策略。

2. 主管认知与拟订计划涉及的知识整合

了解企业所处的内外部环境后，高层主管应制订一个适合企业的知识管理计划来指导企业知识管理的实施。高层管理者认知到企业实习知识管理所需的知识属性，但却可能无法将心中的想法转换外显为具体的知识管理计划，或是由于资源或观念的限制，以至于他们缺乏提供提升企业竞争力所需知识的能力。知识整合目的是缩小高层管理者认知提升企业竞争力所学的知识与高层管理者所拟定知识管理计划之间的差距。

公司内部知识整合过程中，必须制订一个明确的知识管理计划，以便在组织各种活动中应用知识、创造价值。根据 Quinn 等（1996）的研究，知识层次可以有效评估企业所拥有的知识目前处于何种层次，将其作为企业制订知识管理计划的依据，帮助企业决定什么样的知识或处于何种层次的知识应该被创造，以便更新组织的知识数据库。Quinn 等（1996）将企业中专业人员的知识，依照其在组织内运作的重要程度分成：①实证知识（know what）；②高级技能（know how）；③系统认知（know why）；④自我创造与激励（care why）。

3. 拟订计划与计划实施涉及的知识整合

为了保持持续性的竞争力，公司必须有效率地创造、保存、获取及分享其组织知识，并在有限的时间内将知识运用到新的问题及新的机会上。许多公司因为本身组织结构及作业流程较为复杂，使得所拥有的知识变得碎片化而难以保存和分享，因此在整个决策过程中经常会出现有冲突、重复及忽视知识的情况。

参考文献

[1] Adler, N. E., Epel, E. S., Castellazzo, G., & Ickovics, J. R. (2000). Relationship of subjective and objective social status with psychological and physiological functioning: Preliminary data in healthy, White women. Health psychology, 19 (6): 586-592.

[2] Aiken, L. S., West, S. G., Reno, & R. R. (1991). Multiple regression: Testing and interpreting interactions. Sage.

[3] Ajzen, I. 1991. The theory of planned behavior. Organization Behavior and Human Decision Processes, 50: 179-211.

[4] Amabile, T. M. (1988). A model of creativity and innovation in organizations. Research in organizational behavior, 10 (1): 123-167.

[5] Amabile, T. M. (1996). Creativity in context: Update to the social psychology of creativity. Hachette UK.

[6] Amabile, T. M., Barsade, S. G., Mueller, J. S., & Staw, B. M. (2005). Affect and creativity at work. Administrative Science Quarterly, 50 (3): 367-403.

[7] Amabile, T. M., Conti, R., Coon, H., Lazenby, J., & Herron, M. (1996). Assessing the work environment for creativity. Academy of Management Journal, 39 (5): 1154-1184.

[8] Anderson, C., & Kennedy, J. A. (2012). Micropolitics: A new model of status hierarchies in teams. In Looking back, moving forward: A review of group and team-based research (pp. 49-80). Emerald Group Publishing Limited.

[9] Anderson, J. C., & Gerbing, D. W. (1988). Structural equation modeling in practice: a review and recommended two-step approach. Psychological Bulletin, 103 (3): 411-423.

[10] Andersson, L. M., & Pearson, C. M. (1999). Tit for tat? The spiraling effect of incivility in the workplace. Academy of Management Review, 24 (3): 452-

471.

[11] Argote, L., & Ingram, P.(2000). Knowledge transfer: A basis for competitive advantage in firms. Organizational behavior and human decision processes, 82(1): 150-169.

[12] Babcock, P. (2004).Shedding light on knowledge management. HR magazine, 49 (5): 46-51.

[13] Baron, R M., & Kenny, D A. (1986). The moderator-mediator variable distinction in social psychological research: conceptual, strategic, and statistical considerations. Journal of personality and social psychology, 51 (6): 117-1182.

[14] Bartol, K. M., & Srivastava, A.(2002). Encouraging knowledge sharing: The role of organizational reward systems. Journal of Leadership & Organizational Studies, 9 (1): 64-76.

[15] Bentler(1990). Comparative fit indexes in structural models. psychological bulletin, 107 (2): 238-246.

[16] Blau, P. (1964). Exchange and power in social life. New York: Wiley.

[17] Brislin, R. W.(1970). Back-translation for cross-cultural research. Journal of cross-cultural psychology, 1 (3): 185-216.

[18] Brockner, J., & Higgins, E. T.(2001). Regulatory focus theory: Implications for the study of emotions at work. Organizational behavior and human decision processes, 86 (1): 35-66.

[19] Brown, B. B.(1987). Territoriality. In D. Stokols & I. Altman(Eds.), Handbook of environmental.

[20] Brown, G., Lawrence, T. B., & Robinson, S. L.(2005). Territoriality in organizations. Academy of Management Review, 30 (3): 577-594.

[21] Buller, D. B., & Burgoon, J. K.(1996). Interpersonal deception theory. Communication theory, 6 (3): 203-242.

[22] Campbell & Donald, T.(1960). Blind variation and selective retention in creative thought as in other knowledge processes. Psychological Review, 67 (6): 380-400.

[23] Case, C. R., & Maner, J. K.(2014). Divide and conquer: When and why

leaders undermine the cohesive fabric of their group. Journal of personality and social psychology, 107（6）：1033.

[24] Černe, M., Nerstad, C. G., Dysvik, A., & Škerlavaj, M.（2014）. What goes around comes around: Knowledge hiding, perceived motivational climate, and creativity. Academy of Management Journal, 57（1）：172-192.

[25] Chang T J & Yeh H R.（2014）The Effects of Conflict Communication on Developing New Product Knowledge. Applied Science & Management Research, 1（1）：147-163.

[26] Cheng, J. T., & Tracy, J. L.（2014）. Toward a unified science of hierarchy: Dominance and prestige are two fundamental pathways to human social rank. In The psychology of social status（pp. 3-27）. Springer, New York, NY.

[27] Choi, B., & Lee, H.（2002）. Knowledge management strategy and its link to knowledge creation process. Expert Systems with applications, 23（3）：173-187.

[28] cognition: Influencing other people fosters analytic perception in the United States but not in Japan.Psychological Science, 21（11）：1616-1622.

[29] Connelly, C. E., & Zweig, D.（2015）. How perpetrators and targets construe knowledge hiding in organizations. European Journal of Work and Organizational Psychology, 24（3）：479-489.

[30] Connelly, C. E., Zweig, D., Webster, J., & Trougakos, J. P.（2012）. Knowledge hiding in organizations. Journal of organizational behavior, 33（1）：64-88.

[31] Crowe, E., & Higgins, E. T.（1997）. Regulatory focus and strategic inclinations: Promotion and prevention in decision-making. Organizational behavior and human decision processes, 69（2）：117-132.

[32] Davenport, T. H., & Prusak, L.（1998）. Working knowledge: How organizations manage what they know: Harvard Business Press.

[33] Drory, A.（1993）. Perceived political climate and job attitudes. Organization Studies, 14：59–71.

[34] Drory, A., & Romm, T.（1988）. Politics in organization and its perception within the organization. Organization studies, 9（2）：165-179.

[35] Duffy, M. K., Ganster, D. C., & Pagon, M.（2002）. Social undermining in the workplace. Academy of management Journal, 45（2）: 331-351.

[36] Duffy, M. K., Ganster, D. C., Shaw, J. D., Johnson, J. L., & Pagon, M.（2006）. The social context of undermining behavior at work. Organizational behavior and human decision processes, 101（1）: 105-126.

[37] Dulebohn, J. H.（1997）. Social influence in justice evaluations of human resources systems. Research in personnel and human resources management, 15, 241-292.

[38] Dweck, C. S., & Leggett, E. L.（1988）. A social-cognitive approach to motivation and personality. Psychological review, 95（2）: 256.

[39] Edney, J.（1974）. Human territoriality. Psychological bulletin, 81（12）: 959-975.

[40] Eisenberger, R., & Shanock, L.（2003）. Rewards, intrinsic motivation, and creativity: A case study of conceptual and methodological isolation. Creativity Research Journal, 15（2-3）: 121-130.

[41] Elliott, S., & O' Dell, C.（1999）. Sharing knowledge and best practices: the hows and whys of tapping your organization' s hidden reservoirs of knowledge. In Health Forum Journal, 42（3）: 34-37.

[42] Emerson, R. M.（1976）. Social exchange theory. Annual review of sociology, 2（1）: 335-362.

[43] Ferrin, D. L. & Dirks, K. T.（2003）. The Use of Rewards to Increase and Decrease Trust: Mediating Processes and Differential Effects. Organization Science, 14（1）: 18-31.

[44] Ferris, G. R., Russ, G. S. and Fandt, P. M. 1989. "Politics in organizations". In Impression management in the organization（pp. 143–170）, Edited by: Gialcone, R. and Rosenfeld, P. Hillsdale, NJ: Lawrence Erlbaum Associates, Inc.

[45] Ferris, G. R. , & Judge, T. A.（1991）. Personnel/human resources management: a political influence perspective. Journal of Management, 17（2）: 447-488.

[46] Ferris, G. R., & Kacmar, K. M.（1992）. Perceptions of organizational politics. Journal of management, 18（1）: 93-116.

[47] Fiske，S. T.（1993）. Controlling other people：The impact of power on stereotyping. American psychologist，48（6）：621-628.

[48] Flynn，F. J.（2003）. How much should I give and how often？ The effects of generosity and frequency of favor exchange on social status and productivity. Academy of Management Journal，46（5）：539-553.

[49] Ford，C. M.（1996）. A theory of individual creative action in multiple social domains. Academy of Management review，21（4）：1112-1142.

[50] Ford，D. P.，& Staples，D. S.（2008）. What is knowledge sharing from the informer' s perspective？ International Journal of Knowledge Management，4（4）：1-20.

[51] Fornell，C.，& Larcker，D. F.（1981）. Evaluating structural equation models with unobservable and measuremenr error. Journal of Marketing Research，34（2）：161-188.

[52] Fox, S., Spector, P. E., & Miles, D. (2001). Counterproductive work behavior (CWB) in response to job stressors and organizational justice: Some mediator and moderator tests for autonomy and emotions. Journal of vocational behavior. 59(3)：291-309.

[53] Gilmore，D. C.，Ferris，G. R.，Dulebohn，J. H.，& Harrell- Cook，G.（1996）. Organizational politics and employee attendance. Group & Organization Management，21（4）：481-494.

[54] Gilson，L. L.，& Madjar，N.（2011）. Radical and incremental creativity：Antecedents and processes. Psychology of Aesthetics，Creativity，and the Arts，5：21–28.

[55] Gong，Y.，Huang，J. C.，& Farh，J. L.（2009）. Employee learning orientation，transformational leadership，and employee creativity：The mediating role of employee creative self-efficacy. Academy of management Journal，52（4）：765-778.

[56] Gordon，A. K.，& Miller，A. G.（2000）. Perspective differences in the construal of lies：Is deception in the eye of the beholder？ Personality and Social Psychology Bulletin，26（1）：46-55.

[57] Grant，A. M.，& Berry，J. W.（2011）. The necessity of others is the mother of

invention：Intrinsic and prosocial motivations，perspective taking，and creativity. Academy of Management Journal，54：73–96.

[58] Grazioli，S.（2004）. Where did they go wrong？ An analysis of the failure of knowledgeable internet consumers to detect deception over the internet. Group Decision and Negotiation，13（2）：149-172.

[59] Guenter，H.，van Emmerik，I. H.，& Schreurs，B.（2014）. The negative effects of delays in information exchange：Looking at workplace relationships from an affective events perspective. Human resource management review，24（4）：283-298.

[60] Haas，M. R.，& Park，S.（2010）. To share or not to share？ Professional norms，reference groups，and information withholding among life scientists. Organization Science.

[61] Hayes，A. F.（2012）. PROCESS：A versatile computational tool for observed variable mediation，moderation，and conditional process modeling. Retrieved from http：//www.afhayes.com/public/ process2012.pdf.

[62] Hayes，A. F.（2013）. An introduction to mediation，moderation，and conditional process analysis：A regression-based approach. New York：Guilford Press.

[63] Hedlund，G.，& Nonaka，I.（1993）. Models of knowledge management in the West and Japan. Implementing Strategic Processes，Change，Learning and Cooperation，Macmillan，London：117-144.

[64] Henrich，J.，& Gil-White，F. J.（2001）. The evolution of prestige：Freely conferred deference as a mechanism for enhancing the benefits of cultural transmission. Evolution and human behavior，22（3）：165-196.

[65] Higgins，E. T.（1987）. Self-discrepancy：a theory relating self and affect. Psychological review，94（3）：319.

[66] Hirst，G.，Van Knippenberg，D.，& Zhou，J.（2009）. A cross-level perspective on employee creativity：Goal orientation，team learning behavior，and individual creativity. Academy of management journal，52（2）：280-293.

[67] Hirst，G.，Van Knippenberg，D.，Chen，C. H.，& Sacramento，C. A.（2011）. How does bureaucracy impact individual creativity？ A cross-level investigation of team contextual influences on goal orientation–creativity relationships. Acade-

my of Management Journal, 54（3）：624–641.

[68] Hislop, D.（2002）. Mission impossible？ Communicating and sharing knowledge via information technology. Journal of Information Technology, 17（3）：165–177.

[69] Hobfoll, S. E.（1989）. Conservation of resources：A new attempt at conceptualizing stress. American psychologist, 44（3）：513–524.

[70] Hochwarter, W. A. , Witt, L. A. , & Kacmar, K. M.（2000）. Perceptions of organizational politics as a moderator of the relationship between consciousness and job performance. Journal of Applied Psychology, 85（3）：472–478.

[71] Hogan, J., Rybicki, S. L., & Borman, W. C.（1998）. Relations between contextual performance, personality, and occupational advancement. Human Performance, 11（2–3）：189–207.

[72] Holland, S. J., Shore, D. B., & Cortina, J. M.（2017）. Review and recommendations forintegrating mediation and moderation. Organizational Research Methods, 20（4）：686–720.

[73] Holste, J. S., & Fields, D.（2010）. Trust and tacit knowledge sharing and use. Journal of knowledge management, 14（1）：128–140.

[74] Homans G .（1961）Social Behaviour：Its Elementary Forms. Routledge, London.

[75] Hsu I C.（2006）. Enhancing employee tendencies to share knowledge — Case studies of nine companies in Taiwan. International Journal of Information Management, 26（4）：326–338.

[76] Husted, K., & Michailova, S.（2002）. Diagnosing and fighting knowledge-sharing hostility. Organizational dynamics, 31（1）：60–73.

[77] Husted, K., Michailova, S., Minbaeva, D. B., & Pedersen, T.（2012）. Knowledge-sharing hostility and governance mechanisms：an empirical test. Journal of Knowledge Management, 16（5）：754–773.

[78] Jensen, M., & Roy, A.（2008）. Staging exchange partner choices：When do status and reputation matter? . Academy of Management Journal, 51（3）：495–516.

[79] Jordan, J., & Jones, P.（1997）. Assessing your company’ s knowledge man-

agement style. Long range planning, 30（3）：392-398.

[80] Kacmar, K. M., & Carlson, D. S.（1997）. Further validation of the perceptions of politics scale（POPS）：A multiple sample investigation. Journal of management, 23（5）：627-658.

[81] Kacmar, K. M., & Ferris, G. R.（1991）. Perceptions of organizational politics scale（POPS）：Development and construct validation. Educational and Psychological measurement, 51（1）：193-205.

[82] Kacmar, K. M., & Ferris, G. R.（1993）. Politics at work：Sharpening the focus of political behavior in organizations. Business Horizons, 36（4）：70-75.

[83] Kacmar, K. M., Bozeman, D. P., Wayne, S. J., & Anthony, W. P.（1999）. A partial test of the perceptions of organizational politics model. Human Relations, 52：383-416.

[84] Kafashan, S., Sparks, A., Griskevicius, V., & Barclay, P.（2014）. Prosocial Behavior and Social Status：The Psychology of Social Status. Springer New York.

[85] Kankanhalli, A., Tan, B. C., & Wei, K. K.（2005）. Contributing knowledge to electronic knowledge repositories：An empirical investigation. MIS quarterly, 29（1）：113-143.

[86] Kark, R., & Van Dijk, D.（2007）. Motivation to lead, motivation to follow：The role of the self-regulatory focus in leadership processes. Academy of Management Review, 32（2）：500-528.

[87] Kianto, A., Andreeva, T., & Pavlov, Y.（2013）. The impact of intellectual capital management on company competitiveness and financial performance. Knowledge Management Research & Practice, 11（2）：112-122.

[88] Lawler, E. J., & Thye, S. R.（1999）. Bringing emotions into social exchange theory. Annual review of sociology, 25（1）：217-244.

[89] Lewin, K.（1936）. Some social-psychological differences between the United States and Germany. Character & Personality；A Quarterly for Psychodiagnostic & Allied Studies.

[90] Liebowitz J.（2003）. Keynote paper：measuring the value of online communities, leading to innovation and learning. International Journal of Innovation &

Learning, 1 (1): 22-41.

[91] Litchfield, R. C.(2008). Brainstorming reconsidered: A goal-based view. Academy of Management Review, 33: 649–668.

[92] Livingstone, L. P., Nelson, D. L., & Barr, S. H.(1997). Person-environment fit and creativity: An examination of supply-value and demand-ability versions of fit. Journal of Management, 23 (2): 119-146.

[93] Madjar, N., Greenberg, E., & Chen, Z.(2011). Factors for radical creativity, incremental creativity, and routine, noncreative performance. Journal of Applied Psychology, 96.

[94] Madjar, N., Oldham, G. R., & Pratt, M. G.(2002). There' s no place like home? The contributions of work and nonwork creativity support to employees' creative performance. Academy of Management journal, 45 (4): 757-767.

[95] Magee, J. C., & Galinsky, A. D.(2008). 8 social hierarchy: The self - reinforcing nature of power and status. Academy of Management annals, 2 (1): 351-398.

[96] Malmberg, T.(1980). Human Territoriality: Survey of behavioural territories in man with preliminary analysis and discussion of meaning. Mouton De Gruyter.

[97] Maner, J. K., & Mead, N. L.(2010). The essential tension between leadership and power: When leaders sacrifice group goals for the sake of self-interest. Journal of personality and social psychology, 99 (3): 482.

[98] Manhart, M., & Thalmann, S. (2015). Protecting organizational knowledge: a structured literature review. Journal of knowledge management, 19 (2): 190-211.

[99] Marcus, B., & Schuler, H.(2004). Antecedents of counterproductive behavior at work: a general perspective. Journal of Applied Psychology, 89 (4): 647.

[100] Mattan, B. D., Kubota, J. T., & Cloutier, J.(2017). How social status shapes person perception and evaluation: a social neuroscience perspective. Perspectives on Psychological Science, 12 (3): 468-507.

[101] Mayes, B. T., & Allen, R. W.(1977). Toward a definition of organizational politics. Academy of management review, 2 (4): 672-678.

[102] Mueller, J. S., & Kamdar, D.(2011). Why seeking help from teammates is a

blessing and a curse: A theory of help seeking and individual creativity in team contexts. Journal of Applied Psychology, 96 (2): 263-276.

[103] Muthusamy, S. K., White, M. A., & Carr, A. (2007).An empirical examination of the role of social exchanges in alliance performance. Journal of managerial issues: 53-75.

[104] Noguchi, K. (2007). Examination of the content of individualism/ collectivism scales in cultural comparisons of the usa and japan. Asian Journal of Social Psychology, 10 (3): 131-144.

[105] Nonaka, I. (1994). A dynamic theory of organizational knowledge creation. Organization science, 5 (1): 14-37.

[106] Nonaka, I., & Peltokorpi, V. (2006). Objectivity and subjectivity in knowledge management: a review of 20 top articles. Knowledge and process management, 13 (2): 73-82.

[107] Nonaka, I., & Takeuchi, H. (1995). The knowledge-creating company: How Japanese companies create the dynamics of innovation. Oxford university press.

[108] Nonaka, I., Byosiere, P., Borucki, C. C., & Konno, N. (1994). Organizational knowledge creation theory: a first comprehensive test. International Business Review, 3 (4): 337-351.

[109] Nye, L. G., & Witt, L. A. (1993). Dimensionality and construct validity of the perceptions of organizational politics scale (POPS). Educational and Psychological Measurement, 53 (3): 821-829.

[110] Oldham, G. R., & Cummings, A. (1996). Employee creativity: Personal and contextual factors at work. Academy of management journal, 39 (3): 607-634.

[111] Parker, C. P., Dipboye, R. L., & Jackson, S. L. (1995). Perceptions of organizational politics: An investigation of antecedents and consequences. Journal of Management, 21 (5): 891-912.

[112] Pearson, C. M. , Andersson, L. M. , & Wegner, J. W. (2001). When workers flout convention: a study of workplace incivility. Human Relations, 54 (11): 1387-1419.

[113] Pearson, C. M., & Porath, C. L. (2005). On the nature, consequences and

remedies of workplace incivility: No time for "nice"? Think again. Academy of Management Perspectives, 19 (1): 7-18.

[114] Pearson, C. M., Andersson, L. M., & Porath, C. L. (2000). Assessing and attacking workplace incivility. Organizational dynamics, 29 (2): 123-137.

[115] Peng, H. (2013). Why and when do people hide knowledge? . Journal of Knowledge Management, 17 (3): 398-415.

[116] Perry-Smith, J. E. (2006). Social yet creative: The role of social relationships in facilitating individual creativity. Academy of Management journal, 49 (1): 85-101.

[117] Pierce, J. L., Kostova, T., & Dirks, K. T. (2001). Toward a theory of psychological ownership in organizations. Academy of management review, 26 (2): 298-310.

[118] Pierce, J.L., Kostova, T, & Dirks, K.T. (2003), The state of psychological ownership: Integrating and extending a century of research, Review of General Psychology, 7 (1): 84-107.

[119] Pierce, J.L., & Rodgers, L. (2004), The psychology of ownership and worker-owner productivity, Group and Organization Management, 29 (5): 588-613.

[120] Podsakoff, Scott B. MacKenzie, & Lee. (2003).Common Method Biases in Behavioral R esearch: A Critical R eview of the Literature and R ecommended R emedies. Journal of Applied Psychology, 2003, 88 (5): 879-903.

[121] Polanyi, M. (1966). The logic of tacit inference. Philosophy, 41 (155): 1-18.

[122] Preacher, K. J., Rucker, D. D., & Hayes, A. F. (2007). Addressing moderated mediation hypotheses: Theory, methods, and prescriptions. Multivariate Behavioral Research, 42, 185-227.

[123] Prusak, L. (2001). Where did knowledge management come from? IBM systems journal, 40 (4): 1002-1007.

[124] Reagans R & Mcevily B. (2003). Network Structure and Knowledge Transfer: The Effects of Cohesion and Range. Administrative Science Quarterly, 2003, 48 (2): 240-267.

[125] Richman, L., & Leary, M. R.（2009）. Reactions to discrimination, stigmatization, ostracism, and other forms of interpersonal rejection: a multimotive model. Psychological Review, 116（2）: 365-383.

[126] Rook, K. S.（1984）. Promoting social bonding: Strategies for helping the lonely and socially isolated. American psychologist, 39（12）: 1389.

[127] Rosen, C. C. Levy, P . E., & Hall R. J.（2006）Placing Perceptions of Politics in the Context of the Feedback Environment, Employee Attitudes, and Job Performance, Journal of Applied Psychology, 91（1）: 211-220.

[128] Rosen, S., & Tesser, A.（1970）. On reluctance to communicate undesirable information: The MUM effect. Sociometry: 253-263.

[129] Ryan, R. M., & Deci, E. L.（2000）. Intrinsic and extrinsic motivation: Classic definitions and new directions. Contemporary Educational Psychology, 25: 54–67.

[130] Sackett, P. R., & DeVore, C. J.（2001）. Counterproductive behaviors at work. In. N. Anderson, DS Ones, HK Sinangil, & C. Viswesvaran（Eds.）. Handbook of industrial, work and organizational psychology: 145-164.

[131] Saxe, L.（1991）. Lying: Thoughts of an applied social psychologist. American psychologist, 46（4）: 409.

[132] Serenko, A., & Bontis, N.（2013）. The intellectual core and impact of the knowledge management academic discipline. Journal of knowledge management, 17（1）: 137-155.

[133] Shin, S. J., & Zhou, J.（2003）. Transformational leadership, conservation, and creativity: Evidence from Korea. Academy of management Journal, 46（6）: 703-714.

[134] Shrout, P. E., & Bolger, N.（2002）. Mediation in experimental and non-experimental studies: New procedures and recommendations. Psychological Methods, 7: 422-445.

[135] Škerlavaj, M., Connelly, C. E., Cerne, M., & Dysvik, A.（2018）. Tell me if you can: time pressure, prosocial motivation, perspective taking, and knowledge hiding. Journal of knowledge management, 22（7）: 1489-1509.

[136] Sorokin, H.（1927）. Cytological and morphological investigations on gynodi-

morphic and normal forms of ranunculus acris l. Genetics, 12（1）: 59-83.

[137] Spector, P. E., Fox, S., Penney, L. M., Bruursema, K., Goh, A., & Kessler, S.（2006）. The dimensionality of counterproductivity: Are all counterproductive behaviors created equal? Journal of vocational behavior, 68（3）: 446- 460.

[138] Storey, V. C., & Goldstein, R. C.（1993）. Knowledge-based approaches to database design. MIS quarterly: 25-46.

[139] Szulanski, G.（1996）. Special issue: knowledge and the firm || exploring internal stickiness: impediments to the transfer of best practice within the firm. Strategic Management Journal, 17: 27-43.

[140] Tabachnick, B. G., & Fidell, L. S.（2007）. Using multivariate statistics（Vol. 5）. Boston, MA: Pearson.

[141] Taylor, A., & Greve, H. R.（2006）. Superman or the fantastic four? Knowledge combinations and experience in innovative teams. Academy of Management Journal, 49, 723–740.

[142] Taylor, R.B.（1988）. Human Territorial Functioning: An Empirical, Evolutionary Perspective on Individual and Small Group Territorial Cognitions, Behaviors, and Consequences, Cambridge University Press, Cambridge.

[143] Tierney, P., & Farmer, S. M.（2002）. Creative self-efficacy: Its potential antecedents and relationship to creative performance. Academy of Management journal, 45（6）: 1137-1148.

[144] Tierney, P., & Farmer, S. M.（2004）. The Pygmalion process and employee creativity. Journal of Management, 30（3）: 413-432.

[145] Tierney, P., & Farmer, S. M.（2011）. Creative self-efficacy development and creative performance over time. Journal of Applied Psychology, 96（2）: 277.

[146] Tortoriello, M., Reagans, R., & McEvily, B.（2012）. Bridging the knowledge gap: The influence of strong ties, network cohesion, and network range on the transfer of knowledge between organizational units. Organization science, 23（4）: 1024-1039.

[147] Van Dyne, L., & Pierce, J. L.（2004）. Psychological ownership and feelings of possession: Three field studies predicting employee attitudes and organiza-

tional citizenship behavior. Journal of Organizational Behavior, 25（4）：439-459.

[148] Van Dyne, L., Jehn, K. A., & Cummings, A.（2002）.Differential effects of strain on two forms of work performance：Individual employee sales and creativity. Journal of Organizational Behavior, 23（1）：57-74.

[149] Vinokur, A. D., & Van Ryn, M.（1993）. Social support and undermining in close relationships：their independent effects on the mental health of unemployed persons. Journal of persȯnality and social psychology, 65（2）：350.

[150] Wang, S., & Noe, R. A.（2010）. Knowledge sharing：A review and directions for future research. Human resource management review, 20（2）：115-131.

[151] Webster, J., Brown, G., Zweig, D., Connelly, C. E., Brodt, S., & Sitkin, S.（2008）. Beyond knowledge sharing：Withholding knowledge at work Research in personnel and human resources management（pp.1-37）：Emerald Group Publishing Limited.

[152] Wegener & Bernd.（1992）. Concepts and measurement of prestige. Annual Review of Sociology, 18（1）：253-280.

[153] Zeng, R., & Greenfield, P. M.（2015）. Cultural evolution over the last 40 years in china：using the google ngram viewer to study implications of social and political change for cultural values. International Journal of Psychology, 50（1）：47-55.

[154] Zhao, X. S., Lynch, J. G., & Chen, Q. M.（2010）. Reconsidering Baron and Kenny：Myths and truths about mediation analysis. Journal of Consumer Research, 37（2）：197-206.

[155] Zhou, J. , & George, J. M.（2001）. When job dissatisfaction leads to creativity：encouraging the expression of voice. Academy of Management Journal, 44（4）：682-696.

[156] 曹霞 & 瞿皎姣 .（2014）. 资源保存理论溯源，主要内容探析及启示 [J]. 中国人力资源开发，（15）：75-80.

[157] 储小平 & 杨肖锋 .（2011）. 员工心理领地性的负面影响：个人与团队层面的分析 [J]. 中山大学学报（社会科学版），51（5）：161-168.

[158] 段锦云，王娟娟，& 朱月龙 .（2014）. 组织氛围研究：概念测量、理论基

础及评价展望 [J]. 心理科学进展，22（12）：1964-1974.

[159] 顾远东，周文莉，& 彭纪生 .（2014）. 组织创新支持感对员工创新行为的影响机制研究 [J]. 管理学报，11（4）：548-554.

[160] 黄海艳 & 李乾文 .（2014）. 员工的领地行为研究——基于人口统计特征的视角 [J]. 南京审计学院学报，11（1）：62-69.

[161] 黄磊 .（2014）. 康德与福柯：从知识论的构造到权力论的生成 [J]. 哈尔滨工业大学学报（社会科学版），16（4）：30-35.

[162] 康鑫 & 刘强 .（2016）. 高技术企业知识动员对知识进化的影响路径——知识隐匿中介作用及知识基的调节作用 [J]. 科学学研究，34（12）：1856-1864.

[163] 李玲，饶克勤 & 王启俊 .（1999）. 肿瘤危险因素的筛选与多重共线性的诊断和处理 [J]. 中国卫生统计 .16（3）：136-168.

[164] 李卫东 & 刘洪 .（2014）. 研发团队成员信任与知识共享意愿的关系研究——知识权力丧失与互惠互利的中介作用 [J]. 管理评论，26（3）：128-138.

[165] 李夏楠 .（2013）. 基于知识共享的知识差异与团队绩效的关系研究 [D]. 杭州：浙江理工大学 .

[166] 刘景江 & 邹慧敏 .（2013）. 变革型领导和心理授权对员工创造力的影响 [J]. 科研管理，34（3）：68-74.

[167] 刘智强 & 荆波 .（2008）. 组织政治行为对组织沉默的影响实证研究 [J]. 预测，27（3）：36-42.

[168] 路琳 & 陈晓荣 .（2011）. 人际和谐取向对知识共享行为的影响研究 [J]. 管理评论，（1）：68-74.

[169] 马超，凌文辁，& 方俐洛 .（2006）. 企业员工组织政治认知量表的构建 [J]. 心理学报，38（1）：107-115.

[170] 毛畅果 . (2017). 调节焦点理论：组织管理中的应用 [J]. 心理科学进展，25(4)：682-690.

[171] 裴瑞敏，李虹，& 高艳玲 .（2013）. 领导风格对科研团队成员创造力的影响机制研究——内部动机和 LMX 的中介作用 [J]. 管理评论，25（3）：111-118，145.

[172] 孙汉银 .（2004）. 论组织行为学中的组织政治知觉 [J]. 北京师范大学学报

（社会科学版），（1）：45-50.

[173] 孙利平，凌文辁，方俐洛，& 李爱梅 .（2008）. 国外关于工作场所侵犯行为的研究 [J]. 社会科学论坛（学术研究卷），1：38-41.

[174] 孙晓雅 & 陈娟娟 .（2016）. 服务型政府知识共享影响因素的理论研究——基于自我决定理论和社会资本理论 [J]. 情报科学，34（6）：26-30.

[175] 王端旭，朱晓婧，& 王紫薇 .（2009）. 团队规范影响研发人员创造力的中介机制研究——以知识共享为例 [J]. 同济大学学报（社会科学版），20（4）：119-124.

[176] 王天力 & 郭宇红 .（2019）. 知识隐藏的"回飞棒效应"对个体创造力的影响 [J]. 科技管理研究，9：197-204.

[177] 王永丽，张智宇，& 何颖 .（2012）. 工作—家庭支持对员工创造力的影响探讨 [J]. 心理学报，44（12）：1651-1662.

[178] 尉佳芸，俞煜婷，& 路琳 .（2014）. 外向型人格特质对上行知识共享的影响研究 [J]. 科技管理研究，（2）：84-92.

[179] 魏江 & 王铜安 .（2006）. 个体、群组、组织间知识转移影响因素的实证研究 [J]. 科学学研究，24（1）：91-97.

[180] 温忠麟 & 叶宝娟 .（2014）. 中介效应分析：方法和模型发展 [J]. 心理科学进展，22（5）：731-745.

[181] 温忠麟，张雷 & 侯杰泰 .（2006）. 有中介的调节变量和有调节的中介变量 [J]. 心理学报，38（3）：448-452.

[182] 姚琦 & 乐国安 .（2009）. 动机理论的新发展：调节定向理论 [J]. 心理科学进展，17（6）：1264-1273.

[183] 张勇 & 龙立荣 .（2013）. 绩效薪酬对雇员创造力的影响：人—工作匹配和创造力自我效能的作用 [J]. 心理学报，45（3）：363-376.

[184] 周晓宏 & 郭文静 .（2008）. 探索性因子分析与验证性因子分析异同比较 [J]. 科技和产业，8（9）：69-71.

[185] 朱方伟 .（2001）. 知识型员工激励研究 [D]. 大连：大连理工大学 .

问卷

您好：

真心感谢您在百忙中抽出宝贵的时间来回答这份问卷。

本问卷是对“员工知识隐藏行为的实证研究”所进行的问卷收集。问卷的问题没有标准答案，所以您回答时请选择与您个人想法最接近的答案。

您的答案绝对不会被用于研究目的以外的任何其他用途，并且所有的数据都是匿名处理，有关您的个人和公司的信息也将绝对保密，您的真实回答将成为我的宝贵资料。

再次感谢您的热情帮助！

1. 以下是关于您在组织中的一些感受。请根据您的真实感受，在对应的选项下打“√”

序号	问项	非常不同意	不同意	一般	同意	非常同意
1	我在组织中受重视的程度较高					
2	我对所属组织做的贡献受到的关注和重视较高					
3	我对工作上的决定有很大影响力					

2. 以下是关于您在对待同事在知识和技能方面求助时的一些感受。请根据您的真实感受，在对应的选项下打“√”

序号	问项	非常不同意	不同意	一般	同意	非常同意
1	与工作有关的知识、技能等是我个人的知识					
2	我对与工作有关的知识、技能等拥有高度所有权					
3	我感觉这些(与工作有关的知识、技能)是我的知识					
4	我会帮助他/她，但可能并不是发自内心					
5	我会帮助他/她，但可能我提供的信息与其需要的有出入					
6	我会告诉他/她我会帮忙，但在时间上会有所延迟					

续表

序号	问项	非常不同意	不同意	一般	同意	非常同意
7	我会提供给他 / 她一些其他的信息，但可能并不是对方真正需要的					
8	我会假装不知道他 / 她所需要的信息					
9	即使我知道也会基于一些原因说不知道					
10	我会假装不明白他 / 她在说什么					
11	我会说我对这方面的知识了解得并不多					
12	我会解释是由于条件的限制而不能告诉他 / 她					
13	我会解释由于这些是保密信息，非特定人员不享有知情权					
14	我会解释是因为领导不允许将这些信息进行分享					
15	我会解释不会回答他 / 她问题的原因					
16	我会保留自己掌握的对他人有帮助的信息和知识					
17	我会试图隐藏创新的解决方案和成果					
18	我不会把个人的知识和经验转化为组织所用					
19	如若同事向我知识隐藏，会对我们的关系有消极影响					
20	如若同事向我知识隐藏，会降低我对同事的信任度					
21	如若同事向我知识隐藏，会暂时影响我们的关系					
22	同事向我隐藏知识的话，我会不喜欢他 / 她					

3. 以下是关于您在反思自己工作态度时的一些感受。请根据您的真实感受，在对应的选项下打“√”

序号	问项	非常不同意	不同意	一般	同意	非常同意
1	我需要保护我的想法 / 知识，以防为组织中其他人所用					
2	我认为应该先经过我的允许才能使用我提供的信息或想法					
3	我觉得即使是在一起工作的同事也不应该打扰彼此的工作空间					
4	我觉得有必要告诉组织成员不要(随意)使用我的个人信息、主意和诀窍					
5	我会建议采用新的方法来达成目标					
6	我会提出新的和可行的方法来提升绩效					
7	我能找到新的技术、流程、方法或产品设想					
8	我会建议采用新的方法提升产品质量					

续表

序号	问项	非常不同意	不同意	一般	同意	非常同意
9	我常有创新的想法					
10	在工作中我不怕担风险					
11	我向他人推广和宣传使用新的方法					
12	如果有机会，我会在工作中展现出创造力					
13	我会为了新想法的实施而制订适当的计划和时间表					
14	我经常会有新颖的、有创意的想法					
15	我能提出创造性的问题解决方案					
16	我经常会有解决问题的新方法					
17	我能提出完成工作任务的新方法					

4. 以下是关于您在单位中的一些感受。请根据您的真实感受，在对应的选项下打“√”。

序号	问项	非常不同意	不同意	一般	同意	非常同意
1	在单位里，有人会踩着别人提高自己的地位					
2	所在部门中会有让别的同事望而生畏的群体存在					
3	所在单位鼓励大家积极建言献策，甚至允许对执行多年的政策规定提出批评和改进意见					
4	只会对领导唯命是从的人在单位是不受欢迎的；单位鼓励员工大胆提出建设性意见，哪怕是和领导有不同的看法					
5	在单位里最好的生存之道是跟随权势					
6	在单位里做事情的方法最好是按部就班、循规蹈矩					
7	有时候多一事不如少一事，明哲保身才重要					
8	在单位里，有时实话实说不如“糖衣炮弹”结果好					
9	在单位里等待命令做事比自己决定做事更安全					
10	我入职以来，所在部门的薪酬和提拔都按规定来执行					
11	据我所知，所在单位的加薪和提拔都是按规定执行的					
12	所在单位现有体制下，即使我符合条件也很难得到奖励					
13	在所在单位的薪酬和晋升制度执行起来会有所出入					
14	所在单位没有关于员工加薪和晋升制度的明确规定					

续表

序号	问项	非常不同意	不同意	一般	同意	非常同意
15	单位里人员的晋升或提拔，并不是靠真才实学或所做贡献，而是靠关系和手段谋得					

5. 人口统计学特征

(1) 性别：○男　○女；

(2) 婚姻：○已婚　○未婚；

(3) 年龄：○ 20—25　○ 26—31　○ 32—37　○ 38—45　○ 45 以上；

(4) 教育水平：○高中和中专　○大专　○大学　○硕士　○博士及以上；

(5) 职业类型：○研究开发类　○行政类　○服务类　○生产销售类　○其他；

(6) 工作经验：○不到 1 年　○ 1—3 年　○ 4—6 年　○ 7—10 年　○ 10 年以上。

感谢您的回答！